方寸

方寸之间　别有天地

张洁 李伟彬 —译

子弹的轨迹

枪炮如何改变世界

〔英〕安德鲁·内厄姆 — 著
Andrew Nahum

Paths of Fire
The Gun and
The World It Made

Me piu nel anno MD X XII essendo per Prefetto in Vero
na il Magnifico misser Leonardo Iustiniano, Vu capo de bomb rdie
ri amicissimo di quel nostro amico, Vene in cocorrentia con un altro
(al presente capo de bombardieri in pados)et un giorno accadete che
fra loro fu proposto il medemo che a noi propose quel nostro amico,
cioe a che segno si dou ssc asfettare un pezzo de artegiaria che face
se il maggior tiro che far posso sopra un prato. Quel amico di quel no
stro amico gli concluse con una squadra in mani il medemo che da noi
fu terminato cioe come di sopra houemo detto & designato in figura

社会科学文献出版社
SOCIAL SCIENCES ACADEMIC PRESS (CHINA)

马萨诸塞州沃特敦市兵工厂公
开展示的 M1 式 90 毫米高射炮，
1950 年左右。

目 录

导　言

在谷歌等互联网搜索引擎中输入"米哈伊尔·卡拉什尼科夫"（Mikhail Kalashnikov）后，这位著名枪械设计师的生平信息便可从俄勒冈州或弗吉尼亚州的机密服务器站点瞬间到达我们眼前。这些信息沿着光纤以光速传递，即使途中会经过一些老式通信电缆，仍然可达到每小时 20 万千米的速度。

扣动一把卡拉什尼科夫自动步枪的扳机，一枚重约 1/4 盎司（1盎司 =28.350 克）的子弹便从枪管内弹出（速度远远无法同光纤的速度相比）。子弹的动力来自枪管内化学爆炸产生的高压气体，英国军事家奥利弗·克伦威尔（Oliver Cromwell）和美国陆军军官卡斯特将军（General Custer）对这一原理早已熟稔于心。现代性在日常生活中的分布是不均衡的，像枪这样的古老发明在自己独特的领域里，仍然和那些体现当代最新科学的发明一样，流行且有效。

枪的历史悠久，并随着时代发展不断演变，对世界的进程有着深远影响。尽管身处和平国家的人们很少见到枪，但它与每个人的生活都息息相关。枪所产生的影响并不局限于战争、革命和死亡，本书的内容也不囿于传统意义上对于枪的介绍。笔者既不打算谈论某些枪支游说团体，也无意探讨枪对国家事务和市民社会的深刻影响。

本书也不是一部枪支概要或简史，尽管作者对相关内容有所提及，但并未对诸如从火绳枪到卡拉什尼科夫自动步枪，抑或从文艺复兴时期的大炮到日德兰半岛上能从 16 千米外发射炮弹的大型舰炮进行连贯的叙述。

或许可以这样说，这本书给读者呈现了一系列快镜头，展示枪炮 008 和射击学是如何悄无声息但又出乎意料地影响了这个世界和文化的。譬如，对炮弹飞行轨迹的研究推翻了从希腊人继承而来并得到天主教会认同的古代运动学说，而正是弹道学研究和天体研究支撑了伽利略和牛顿的新科学。尽管涉及神学，但两位科学家的学说被新科学世界中最具影响力的行为者视为最具有实践价值的分析。

在第二次世界大战中，防空炮预测和命中攻击目标依赖于小型反应式"机载"计算机的研制，这一发展将人们熟悉的基于大型静态主机的计算机科学引入另一个全新的路径。这些新设备开启了通往人工智能和机器人技术，甚至人们理解自身意识和行动力量的大门，人类的故事因此而被改写。

在另外一些领域，枪支制造改进了现代制造业中使用的技术并塑造了现代生产模式，如今众多生活用品的制造都得益于这一生产体系，这些产品精度极高，价格又很便宜。

枪炮——不仅仅是战争——还以错综复杂、出乎意料的方式塑造了国际政治格局。美国总统罗纳德·里根（Ronald Reagan）提出的"星球大战"计划（亦称"战略防御倡议"）加速了冷战的结束，在某种程度上也推动了强大的苏联的解体。里根计划的核心是一种终极理想化之枪，即美国氢弹之父爱德华·泰勒（Edward Teller）提出的 X 射线激光器，但它仅是一种假想中的神话般的武器，一个未实现的设计，可能永远也无法被制造出来。尽管如此，在里根与戈尔巴乔夫开展外交活动期间，这种计划研发的激光枪仍被证明是极其有效的施压手段，引发了意义深远的地缘政治转向，这个威力巨大的新型武器就像是美国的"核保护伞"，可以抵御打破核恐怖平衡的导弹入侵。

众所周知，武器发展对技术发展和社会变革产生了巨大且持续的影响。但本书中记录的历史会让读者看到，这种影响不仅以我们所熟悉的常规方式呈现，还常常是神秘莫测、令人愕然的。这些隐秘的关联作为武器发展史的支流常常被忽视，却与近年来开始出现的更广泛、更丰富、更奇妙的技术史相联系。这些历史片段充斥着鲜为人知的交叉关联、个人或意外事件，然而正是这些片段式的支流汇集成那一股悄然涌动的暗流，牵引着历史事件的既定走向，推动历史浪潮滚滚向前。

"奥林匹斯主神"牛顿。1731年，威廉·肯特（William Kent）最初设计了威斯敏斯特教堂内的艾萨克·牛顿（Isaac Newton）纪念碑。出于某种原因，该纪念碑并未使用亚历山大·波普为他写下的墓志铭，取而代之的是一段更长的拉丁语碑文。

1

战争几何学

1931 年，国际科学技术史大会在伦敦科学博物馆（Science Museum）举行，苏联派出了一个阵容强大的代表团出席此次会议。代表团成员乘坐专机抵达伦敦，可见此届大会在他们心目中的重要地位，这也成为科学史上一个令人瞩目的事件。一位历史学家曾对此评论：这堪称一场"苏维埃路演"。大会原本预期苏联将仅派出一名发言人参会，不料时任苏联科学院知识委员会主席、列宁的亲密战友尼古拉·伊万诺维奇·布哈林（Nikolai Bukharin）亲自率领了一支重量级"小分队"（实际由 8 名代表组成）毫无征兆地从天而降。由于时间有限，无法让所有代表做大会发言，但让代表团感到欣慰的是，大会给了他们时间快速宣读两篇论文和出版所有代表准备的发言论文。于是，以苏联大使馆为基地的"五天计划"促成了一本颇具影响力的小型论文集《十字路口的科学》（*Science at the Crossroads*）[1] 的诞生。

然而，时至今日，人们公认对这场会议发言和该论文集贡献最大的是一位相对不知名的苏联哲学家兼物理学家鲍里斯·赫森（Boris Hessen），他的报告《牛顿〈原理〉的社会与经济根源》（"The Social and Economic Roots of Newton's *Principia*"）从牛顿所处时代的社会背景以及同时期工业和军事活动的视角出发，对牛顿的"纯"科学进行了阐释。[2]

因为与他一起参会的还有厄内斯特·科尔曼（Ernst Kolman），有人认为赫森的大会报告旨在"挽救他的事业（或许还有生命）"。厄内斯特"在斯大林思想支持者中十分出名"，他在苏共中央政治局的安排下成为代表团的一员，负责汇报可疑成员布哈林和赫森的政治行为。[3]

赫森的发言中最令人震惊和最具影响力的是对纯科学概念和个人天赋作用的明确攻击，他以艾萨克·牛顿为例，质疑："牛顿的天赋到底从何而来？……是什么决定了他工作的内容和方向？"在分析的引入部分，他还幽默地引用了亚历山大·波普为牛顿撰写的墓志铭："自然和自然法则都隐藏在黑暗之中。上帝说：让牛顿降临吧！于是万物得见光明。"[4]

赫森宣布，他将运用辩证唯物主义和马克思主义历史观来阐释牛顿非凡的成就。在英国科学传统的影响以及彼时科学史研究相对不成熟的背景下，传统观点将牛顿这位现象级人物的出现及其成就归因于"上帝的仁慈"，或至少是一个极其罕见的机会激发了他的个人天赋。西蒙·谢弗（Simon Schaffer）在其文章《十字路口的牛顿》（"Newton at the Crossroads"）中指出，赫森借鉴了恩格斯在 1894 年的信中所述的观点：

科学则在更大得多的程度上依赖于技术的状况和需要。社会一旦有技术上的需要，这种需要就会比十所大学更能把科学推向前进。整个流体静力学（托里拆利等）是由于 16 世纪和 17 世纪意大利治理山区河流的需要而产生的。……可惜在德国，人们撰写科学史时习惯于把科学看作是从天上掉下来的。[5][①]

但在赫森的唯物主义解读下，经济环境和生产方式制约了"社会中的社会、政治和思想生活进程"。"在每个历史时期，统治阶级的意识形态都是统治思想。"此外，"统治阶级让所有其他阶级……服从于其利益"，赫森还快速列举了一系列当时社会所面临的实际问题，包括运河建设、船舶稳定性、采矿使用的机械吊机和滑轮、磨机齿轮和传动装置等诸多科技问题。

因此，牛顿物理学是建立在 17 世纪统治阶级和新兴的英国资产阶级的意识形态基础之上的。赫森指出，牛顿创造力最活跃的阶段正处于英国资产阶级革命和英格兰联邦时期，因此他着手研究弹道学简史，主要关注远距离瞄准大炮以及科学家们对该领域的影响。

此外，崛起的商业和制造业资产阶级也意图让"自然科学为其服务，为发展中的生产力服务"。为了进一步说明牛顿的务实性以及他为资产阶级提供重要服务的实际情况，赫森引用了牛顿写给其好友弗朗西斯·阿斯顿（Francis Aston）的回信中的内容。此前，阿斯顿曾向牛顿就他应在欧洲之行中研究的问题征求建议，以便"最合理地利用此行"。[6]

牛顿列了个长长的清单。他认为，阿斯顿应先学习操控和驾驶轮船的方法，并仔细调查"所有途中将经过的要塞及其建造方式以及抵御袭击的能力"等具体内容；还可研究从矿石中提炼金属的方法，探究"在匈牙利、斯洛伐克、波希米亚，以及埃拉镇周边等地的河流里富含黄金"的说法是否属实；查明荷兰人如何使他们的船舶免受虫蛀、时钟是否可用于确定经度等问题；荷兰新建的玻璃抛光厂（推测

---

① 《马克思恩格斯选集》（第四卷），人民出版社，2012，第648页。——译者注

是生产镜头的工厂）也值得一去。此外，牛顿还花了大量篇幅建议好友考察上述地区是否拥有一种工艺，能将一种金属转变为另一种金属。

赫森提及，牛顿曾于 1699 年至 1727 年担任英国皇家铸币局局长，任职期间，他改进了硬币的冲压及铸造工艺，并对各国金银的汇率表现出浓厚的兴趣。赫森指出：

> 我们引用这些事实颠覆了人们认知中牛顿的固有形象……如同"奥林匹斯主神"，超越了自身所处时代世俗的技术和经济利益层面，在抽象思维的崇高境界中翱翔……我们对《原理》一书的分析到此为止，我们已经展示了该书中关于物理的内容是如何产生于那个时代所需的任务，而即将执政的阶级也将这些任务提上了议事日程。[7]

众多活跃于政坛的科学家对赫森的发言表现出了极大的兴趣，包括深受马克思主义影响的英国晶体学家贝尔纳（J. D. Bernal）、生物化学家兼汉学家李约瑟（Joseph Needham）和科学作家克罗守（J. G. Crowther）等人。

贝尔纳认为有必要强调科学的社会相关性及产生科学的社会框架，于他而言，赫森的论文极具启发性，为该领域的研究提供了框架。[8]事实上，"这篇论文是大会上最具影响力的论文：在英国，它将从约翰·霍尔丹（John Haldane）到约翰·贝尔纳（John Bernal）这一代具有左倾思想的科学家们汇聚在一个共同目标之下；在国际上，它开创了一种直到今天仍占据着主导地位的科学史研究方法"。[9]

"科学的边缘"

尽管赫森提及的这些问题与牛顿的关系可能比他自己所认为的更复杂，但这些问题的确对当时的科学发展产生了重大的影响。

射击学具有非凡的影响力，这不仅体现在它对 20 世纪的人们看待和书写科学史（毕竟这是一项元研究）产生了影响，更为有趣的是，它还影响了 16、17 世纪新科学的实际建构。许多与牛顿同时代或该时代以前的科学家都深受弹道学、射程预测和精确射击等新兴问题的影响。可以说，这些问题引发了一场思想革命，推动了现代科学的早期发展并推翻了亚里士多德提出且为后人延续下来的古代运动学说。

015　　如今来看，16 世纪的运动学说似乎是令人费解又自相矛盾的。亚里士多德认为物体的自然状态是静止的。鸟类能飞行是因为它们轻巧的羽毛带动气流将其托向天空；烟雾有可能飘向月球；石头和炮弹会归于自然的静止状态，因为它们总是要回归自身的居所——大地。当时还没有动能这一概念（但是钟摆如何工作：它难道不应该在弧形运动轨迹的最低点保持静止吗？），物体运动是因为受到了一个终将耗尽的推动力的作用。然而，牛顿后来证明，任何物体在不受任何外力的作用下，总保持匀速直线运动状态或静止状态，直到有外力迫使它改变运动状态为止。出于复杂的原因并经历了诸多争论后，亚里士多德的运动学说和物质观最终成为天主教思想的一部分。

但是，就像今天的大型强子对撞机一样，大炮也能破坏物质并引发前所未有的现象。在大炮发明之前的所有人造物体在射程、威力和速度方面都远不能与之匹敌。弹道学提供了一种方法，从而撬动了古典力学和中世纪学说。

然而，对于思想传统、意识形态倾向不太明显的历史学家来说，如 20 世纪 30 年代任职于牛津大学的乔治·克拉克（George Clark），这种认为物理学上具有重大意义的成果都是科学家为了迎合士兵、商人和生产者的需求而取得的说法完全是种误导。尽管克拉克承认战争、宗教和医学带来的影响，但他仍积极捍卫理想化的学术道路这一观念："纯粹的求知欲，系统且毫不功利地将思想付诸实践的冲动。"克拉克认为，大学的社会功能正是"将渴望求知的人从出于其他动机的压力下解放出来"。[10]

当时剑桥大学的青年历史学家 A. 鲁珀特·霍尔（A. Rupert Hall）决定潜心研究弹道学。[11] 他认为，在某种程度上，与弹道学相关的新兴科学理论同射击学毫不相关。他声称早期的科学并没有影响军事技术，因为"火炮的表现反复无常，追求火炮瞄准的精度无异于枉费工夫。一切都不相同……火药之间的威力差别接近 20%；弹丸在重量、直径、密度和圆度方面也大不一样"。[12]

大炮和弹丸之间也存在很大的"偏差"，即弹丸和炮管的直径差异，非正圆形或畸形的弹丸在开火时可能会卡住并带来灾难性的后果。弹丸发射后会以"不确定的颠簸路径"沿着炮管前进，从而无法肯定"瞄准线即弹丸的飞行轨迹"。18 世纪 30 年代的射击试验表明，弹丸可能会向左或向右偏离基准点约 100 码（1 码 =0.9144 米），即使某次发射刚好落在基准点上，下一次的距离偏差也可能高达 200 码。霍尔还提到天文学家埃德蒙·哈雷（Edmond Halley）的观察，即炮手"无法保证其射击在几何学上的精准度，这是因为不匹配的弹丸和不合适的口径，以及实际上很难克服的、大炮向后的反作用力（后坐力）"。[13]

霍尔质疑赫森对牛顿的分析，他说：

　　赫森认为 17 世纪的物理学体系"主要是由新兴的资产阶级

016

提出的重大的经济、社会目标所决定的",他犯了一个严重的时代错误,因为在《原理》一书中,牛顿采用的研究方法所达到的物理学高度是仅通过原创性思维过程所实现的,并非直接来自他所处时代的行业经验。[14]

但这个观点尚存疑问。霍尔肯定知道,早期的哲学家总是十分渴望强调自己科学研究的实用性,并且当时军事工程和新兴科学之间存在明显关联。以伽利略为代表的早期现代科学家明确其研究是为统治阶级服务的。伽利略曾经为美第奇家族撰写了军事工程方面的论文,同时在科西莫二世(Cosimo Ⅱ)成为托斯卡纳大公(Grand Duke of Tuscany)的前几年担任其家庭教师,负责讲授科学知识。1537 年,数学教师尼科洛·丰坦纳·塔尔塔利亚(Niccolò Fontana Tartaglia)在威尼斯出版了第一本系统阐释射击学的书籍——《新科学》(*Nova scientia*),然而,事实上,该书是献给乌尔比诺公爵(Duke of Urbino)弗朗切斯科·玛丽亚一世·德拉·罗维雷(Francesco Maria Ⅰ della Rovere)的,此人是威尼斯军队的最高将领,也是同奥斯曼帝国对抗的军事联盟的领导人。塔尔塔利亚宣称已建立相应的数学规则,用于根据大炮高度计算其射程。这本书中首次出现了一张展示如何使用铳规或火炮象限仪来调节大炮仰角的插图。

然而,塔尔塔利亚的弹道(炮弹的飞行轨迹)绘制工作是以亚里士多德的理论为基础的。他认为弹道由三部分组成:首先是炮弹出膛呈直线向上剧烈运动,接着炮弹以圆弧形轨迹做复合运动,随着爆发力逐渐减弱,最后垂直落向地面。[15]

这个理论的应用之一回应了乌尔比诺公爵提出的一个问题,即大炮在不同高度和距离的威力。塔尔塔利亚认为,大炮放置得越低,距离目标越远,就越具有杀伤力,因为发射角或仰角越大,弹道中的剧烈运动能保持的时间越长。

他还宣称，仅通过一次试射就能计算大炮的修正量，从而让大炮在能力范围内精确发射到每一个目标距离处。但是，霍尔和之后的学者们表示，塔尔塔利亚给炮手提供的这份将目标距离同大炮仰角、炸药量和炮弹尺寸联系起来的"秘密笔记"（如今被称为"射表"），不是以数学知识而是以实际经验为依据的。它来自实际的火炮射击经验，由塔尔塔利亚从经验丰富的炮手那里收集而来。霍尔暗示，数学运算只是虚假的表象，用于树立权威，建立影响力，讨好赞助人以获得赞助。

尼科洛·塔尔塔利亚的画像，印在他撰写的《各种问题和发明》（*Quesiti et inventioni diverse*）（1554）的扉页上。

尼科洛·塔尔塔利亚《新科学》（1537）一书中的插图展示了火炮象限仪或铳规。加重的锤球自然垂直悬挂，刻度则显示了炮管相对于水平面的仰角度数。

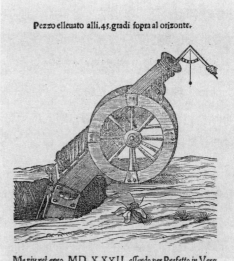

018

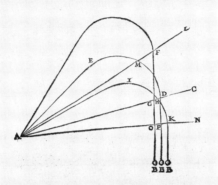

塔尔塔利亚在《新科学》（1537）中描绘的理想弹道。轨迹的第一部分是直线，因为这是亚里士多德理论中的一个爆发的、非自然力的作用结果，接下来的中间部分是一段圆弧，最后炮弹遵循自然运动规律垂直下落。在至少150年间，许多人在著作中不断宣传这一误导性的理论，直至伽利略证明炮弹真正的飞行轨迹应是抛物线。

为回答时任威尼斯军队最高将领的乌尔比诺公爵提出的问题，塔尔塔利亚分析了大炮在不同高度和距离的威力。他错误地认为位置更低的大炮杀伤力更大，因为仰角能使弹道中的剧烈运动持续更长时间。

通过引用17世纪的各种指南，霍尔毫不留情地批判了尼科洛·塔尔塔利亚以及几乎所有著有射击学相关作品的早期作者，认为他们"提出的计算公式一半源于智慧，一半虚于表面"。他总结道："这些关于火炮的作品完全是基于中世纪的科学写出的，十分荒谬且卑劣。这种无足轻重的算数把戏怎么能够和伽利略提出的具有非凡意义的定理或牛顿和莱布尼茨的微积分学相提并论呢？"[16]

另一个批判对象是乔纳斯·摩尔爵士（Sir Jonas Moore）于1683年翻译并出版的"一部平庸的意大利语教学用书"，这本书把炮弹的运动轨迹错误地描述为：初始阶段做剧烈运动直线飞行，然后做"复合或弯曲运动"呈弧形，最后垂直落向地面。这段轨迹描述"同150年前的描述相比无任何创新之处"。

然而，在霍尔看来，这些误导性的理论和教科书"无关紧要，也未对作战行动产生任何影响，因此一个糟糕的理论是否被另一个更具科学性的理论所取代并不重要"。他提出质疑，有什么证据"证明塔尔塔利亚或伽利略的华而不实的理论曾用于指导炮兵战术？"

霍尔声称，炮手没有必要对火炮发射进行计算，因为在陆地战争中，大炮往往被放置在离敌方壁垒最近的地方，在近距离平射射程内能有效发射，对壁垒的一小部分反复集中打击，从而打开一道突破口。而在海上作战时，"只有近距离射击被认为是……值得耗费火药的"。沃尔特·雷利爵士（Sir Walter Raleigh）曾禁止他手下的炮手在直射射程外发射火炮。[17]

霍尔承认："在16世纪和17世纪，抛射理论为探索这些新兴的科学原理提供了最有用也最为人熟知的途径。"他还认为，某些更有洞察力的思想家，"包括从伽利略到牛顿在内的哲学家们……通过研究弹道学问题提高自身影响力以开展更加重要和更大型的研究"。

但是，霍尔断言，对于倒霉的炮手们来说，这些指导他们进行射

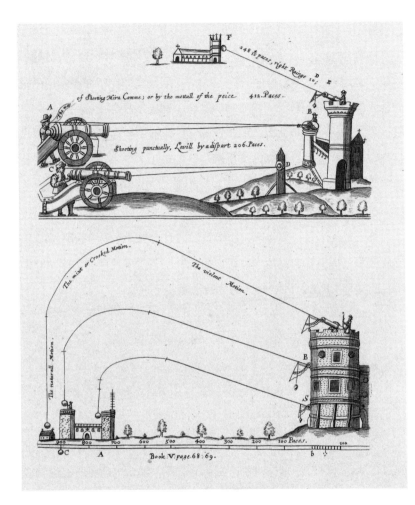

插图来自 17 世纪晚期另一本关于火炮射击的论述《水手杂志》（The Mariner's Magazine），也被称为《斯特米的数学和实践艺术》（Sturmy's Mathematical and Practical Arts），作者是塞缪尔·斯特米（Samuel Sturmy），出版于 1669 年。图中所示为 1679 年的版本，于 1996 年在牛津科学史博物馆举办的名为"战争几何学"（The Geometry of War）的展览上展出。该著作因重复了伽利略时期之前的过时理论而遭到 A. 鲁珀特·霍尔的严厉抨击。策展人吉姆·贝内特（Jim Bennett）和斯蒂芬·约翰斯顿（Stephen Johnston）指出："就像大约 150 年前的塔尔塔利亚一样，作者将炮弹的飞行轨迹分为三部分：初始阶段做剧烈运动直线飞行，然后做'复合或弯曲运动'呈弧形，最后做'自然运动'垂直落向地面。"

击的所谓科学依据完全是个谬误，而且可能一直持续到了 19 世纪大炮能够实现精确设计之时。炮手是"率先披上科学'外衣'的工匠"，但是他们"数代人都在同一套又一套的教条进行斗争……苦苦寻觅能运用于射击的数学公式。可是，他们的工具仍然处于落后状态，即便是最糟糕的理论也无法派上用场"。事实上，可悲的炮手，除了"致力于跻身成为科学边缘群体的普通一员，仰仗哲学盛宴的残羹冷炙滋养自身和自己的研究"，别无他求。

和霍尔相比，后来的学者们对塔尔塔利亚的态度则要宽容得多，这或许是因为他们承认，要使用且设法拓展一套即使存在谬误但已根深蒂固的公理难如登天，更不用说这些公理还是教会权威的化身和象征。最近的一种观点认为，塔尔塔利亚使用亚里士多德的物理学思想解释弹道学的尝试是科学发展历程中必不可少的第一步，因为它"颠覆了传统的运动观念，引发了'诸多质疑'，但也正是从这些质疑中，新科学得以诞生"。[18]

毫无疑问的是，数学家和质疑者们被射击学深深吸引的原因在于：它从实践上提供了自然哲学家可以研究并用来发展理论的实验。罗伯特·波义耳（Robert Boyle）对此评论道：

> 与这些技艺有关的现象应被视作自然史的一部分……因此……也就属于自然主义者的认知范畴，挑战他们的推断……（和）有助于提升他们的认知，并且最终增强他们的权威。[19]

既然枪炮能对物质产生暴力性影响，使其以人类力量无法实现的方式运动，并迫使物质对象产生新的联系，那么火药实质上也就成了一种"哲学物质"。伽利略做出的预测有力证明了这个观点。他推断，若一发铅弹从 100 腕尺（约 45 米）处垂直向下发射到石头路面上，由于存在空气阻力，它的变形程度将小于近距离发射的子弹。然而，在文艺复兴时期复苏的亚里士多德哲学派对此持相反观点：由于落体运动会增加子弹做剧烈运动时的速度，从更高点发射的子弹飞行速度更快。在伽利略提出其设想大约 20 年后，实验证明他的预测是正确的。[20]

伽利略的传世天文学著作《关于两个主要世界体系的对话》

（ *Dialogue Concerning the Two Chief World Systems* ）于1632年出版，
作品中描述了三个人的对话性探讨过程，其中萨尔维阿蒂（Salviati）
（实际代表了伽利略的观点）对另一名叫辛普利邱（Simplicio）的辩
论者以一种看似漫不经心的方式进行了奚落，后来的伽利略也许会对
此感到后悔：

> 我看到你们一直是这样一类人，想知道像（运动）这样的
> 事情是如何发生的，想搞清楚大自然的规律，但你们一不登上舰
> 船，二不拉弓引箭，三不操作大炮，却把自己关起来搞研究……
> 还只研究亚里士多德是怎么说的。

在此之前，教会为了维护（和主张）地心说，对伽利略已经下达
了禁令，禁止其宣扬哥白尼学说。尽管伽利略和这部作品貌似违反了
这项禁令，但他似乎寄希望于通过争论的形式展开讨论，而不是直接
呈现为主张或论述，以这种方式避免触犯禁令。一些资料表明他在得
到了教宗乌尔巴诺八世（Pope Urban Ⅷ）的批准后才撰写此书，但
前提是须采用对话这种委婉的形式。不幸的是，在这本书出版的第二
年，伽利略就被带上了审判台。[21]

于是，不仅天体的排列，就连新兴的运动理论也受到了批判。凯
瑟琳·安·弗朗斯（Catherine Ann France）对书中的各个章节进
行了深入的研究，她指出，女王伊丽莎白一世时代的数学家、天文
学家兼枪手托马斯·迪格斯（Thomas Digges）可能是第一个指出
地面物体运动同天体运动之间存在联系的人。这意味着，"不可能孤
立地对弹道进行研究，因为它是了解普遍运动过程的一个基本的认知
步骤"。[22]

伽利略在意大利认识到炮弹的飞行轨迹不是亚里士多德所提出的

"剧烈运动"和"自然运动"的结果，而是在水平方向和垂直方向的运动相互作用下形成的，他指出，"自由落体定律"（重力）使炮弹在整个飞行过程中加速下落，而水平方向的运动则是由大炮引起的。这表明炮弹的飞行轨迹应为抛物线，并且（从侧面看）轨迹于最高点两侧是对称的。这一发现违背了亚里士多德的观点，并改变了其知名的运动定律。他的反对者们十分明了其中的关联，因此，新的运动学说从问世伊始就备受争议，也因为支持哥白尼和攻击地心说而存在意识形态风险。事实上，对于伽利略的追随者们来说，"自由落体定律这个事实就代表着对哥白尼学说的认可"。[23]

这些思想家面临被指控宣扬异端邪说的风险，从更早时期的法国哲学家让·布里丹（Jean Buridan）小心谨慎地提出与亚里士多德不同的关于力和动量的观点中可间接看出这一点：

> 有人会说……上帝在创造宇宙的时候，为让每一个天体都按照他喜欢的方式运行，对它们都施加了一个推动力，自此天体就永恒运动下去。上帝不再需要移动天体……他所施加的推动力也并未随时间减弱或消逝……（因为）不存在阻力的破坏或对抗。对这一说法我不加以肯定，我只想问问神学家们，这一切是如何发生的。[24]

托马斯·阿奎那（Thomas Aquinus）将亚里士多德哲学诠释为众多神学思想的基础。例如，亚里士多德的物质论认为物体存在"实体"和"偶性"，这似乎解释了具有神秘色彩的圣餐事件——圣餐仪式中的面包和酒在上帝的神力之下，转化为基督的肉和血。亚里士多德哲学和神学思想紧密交织，任何试图破坏它们的行为都十分危险，这样一来，还有多少人敢于阐明不同观点呢？

024

　　或许是受到德国戏剧家贝托尔特·布莱希特（Bertolt Brecht）1937 年所创作的《伽利略传》（*The Life of Galileo*）的推动，关于伽利略及其审判的研究层出不穷。这些事件和其中盘根错节的关系饱受非议。一种修正主义观点甚至认为伽利略不明智、过度自信，甚至可谓无礼。但是，和伽利略同时代的见证人约翰·弥尔顿（John Milton）站出来为伽利略打抱不平，并于 1644 年在英国议会发表演讲，提倡出版自由：

> 　　我要向大家讲述我在其他一些宗教法庭施行虐政的国家中所看到和听到的。我有幸同这些国家的学者们交谈，觉得能生在英国是一件幸事，因为他们认为在英国可以自由地发表哲学观点。然而，他们只是一味抱怨学问陷入了被奴役的状态却没有采取任何行动，正因如此，意大利的学术成就日渐暗淡，这也解释了为什么多年以来他们除了阿谀奉承的浮夸之辞外一无所成。我曾在那里拜访了著名的物理学家伽利略，他仅因与方济各会和多明我会①在天文学的观点上存在分歧，就被宗教法庭判处终身监禁。[25]

白厅的大炮

　　与意大利相比，同时代的英国飘荡着更浓厚的自由气息。在伦敦格雷山姆学院（Gresham College）举办的一次会议上，成立一个以"促进物理—数学实验学习"为宗旨的机构的想法开始萌芽。1662 年，名为英国皇家学会（Royal Society）的新机构正式成立，英国国王

---

①　二者都是天主教托钵修会的主要派别，分别由意大利人方济各和西班牙人多明我创立。——译者注

查理二世（King Charles Ⅱ）是它的赞助人。该学术机构致力于通过观察和实验来验证和理解各种现象，而不是仅仅批准那些已被认可的学说。[26]

学会正式成立前的早期活动包括布朗克子爵（Lord Brouncker）[025]针对"枪炮后坐力"的实验。在全体成员的见证下，第一次实验在格雷山姆学院的庭院里进行，第二次则在白厅的骑士比武场开展。这些实验对公众完全开放，受到广泛关注，热心观众中甚至包括了查理二世及其胞弟詹姆斯二世。

在某种程度上，这些在 1661 年进行的枪炮实验旨在证明这个新生学会的作用以获得国王签署的皇家特许状[①]，第一任会长布朗克也借此恳请国王担任学会的赞助人。第一部《皇家学会史》于 1667 年出[026]版，卷首图中展示了学会成员所使用的科学仪器，包括摆钟、望远镜、气泵、火绳枪和卡宾枪，这似乎是为了提醒某些重要的赞助人：学会为促进人们对枪炮的理解做出了实际且有意义的贡献。[27]

布朗克在这些实验中使用了"一种特殊装置"，即一种能固定大炮并让布朗克观察炮弹发射运动轨迹的后坐炮架。尽管他对干扰目标的后坐力更感兴趣，如如何向左或向右偏移，但他也设计了一个实验来证明其后被牛顿正式阐述为第三运动定律的原理，即作用力和反作用力大小相等，方向相反。因此，在牛顿对此定义之前，人们就已经对这种效应有所了解，牛顿只不过是对这个定律进行了系统阐述和优化。[28]

除此之外，皇家学会还对火枪子弹（"使用鲁珀特亲王的火药"）[027]的速度兴趣盎然，任命罗伯特·胡克（Robert Hooke）担任学会的实验负责人，在 1664 年进行了相关实验。[29] 实验所用的计时装置

---

①　一种由英国君主签发的正式文书，专门用于向个人或法人团体授予特定的权力或权利。——译者注

《皇家学会史》（*History of the Royal Society*），1667 年出版。设计：约翰·伊夫林（John Evelyn）；刻制：瓦茨劳斯·霍拉尔（Wenceslaus Hollar）；作者：托马斯·斯普拉特（Thomas Sprat）。卷首图中，弗朗西斯·培根（Francis Bacon）坐在右边，布朗克坐在国王查理二世半身像的左边，他们周围则是各种实验仪器，这些实验或由学会推动，或为学会所展示。画中最右边的卡宾枪或火绳枪显得十分有趣：它们似乎默默地向包括国王和鲁珀特亲王（Prince Rupert）在内的重要赞助人们提醒着学会的实用性功能。

是一个钟摆，由一根细线悬挂起来，子弹从枪口射出时细线就会被切断。

　　以上事实表明，在英国和意大利，火炮射击都是新兴实验科学的研究主题，同时也是一条获得赞助、名声和支持的绝佳途径。1996 年，牛津科学史博物馆举办了一场名为"战争几何学"的展览，该展览体现

炮手在夜晚使用的一种新式组合仪器，由莱昂哈德·祖布勒（Leonhard Zubler）发明。
图源：*Nova geometrica pyrobolia*（1608）。

16世纪晚期，伊拉斯姆斯·哈伯梅尔（Erasmus Habermel）发明的火炮象限仪、瞄准具和计量器，材质为镀金黄铜。吉姆·贝内特和斯蒂芬·约翰斯顿认为哈伯梅尔发明的仪器是绝佳之作，推测其主要用途是为贵族或富有的赞助人的藏品或衣橱增色。

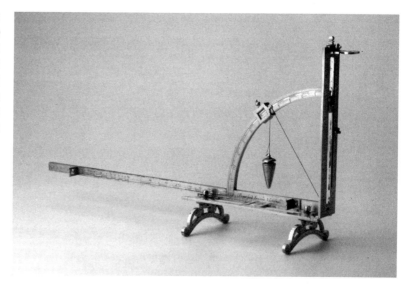

了学者们对火炮的深刻见解，并开始对这门科学的地位进行探索。[30]

吉姆·贝内特和斯蒂芬·约翰斯顿提出了一系列问题：射击学是一门实用科学还是一门属于上流社会的科学？它应属于战争还是宫殿？是由实践还是理论驱动？它的特点是行动还是语言？在某种意义上，这些问题与霍尔对射击学和科学之间关系的质问相比，更为细致透彻，也更加温和含蓄。

在这个展览上展出的一些构造复杂、用于装饰的火炮发射仪器为这些问题提供了物证。炮手的基本几何学意义上的任务是：通过测量两个观测点相对目标的角度（三角测量）估算距离，测量高度（通过相似操作），设置大炮的仰角，同时检查炮弹的直径或内径。随着时间推移，人们设计出了更多的几乎囊括了以上所有功能的精密仪器，然而，这些美观繁复的仪器曾在战场上被炮手真正使用过吗？或者它们只是讨好那些对射击着迷的王公贵族的宫廷贡礼？

神的心智

赫森在 1931 年发表的论文中巧妙地选择了牛顿作为研究对象，然而，牛顿在当时的新兴科学家中，恐怕是最不应该与工具主义和政治实用派联系在一起的一位。[31] 他在改进炮手的技艺方面并无建树，事实上，他甚至没有在自己的理论著作中提到过火炮，对此也似乎没有表现出任何兴趣。他的作品指向是哲学，不会和实际用途产生任何关联，作品中提到的物品也没有一件是赫森所提到的工厂主和工业家能轻易获得的。

如今，许多研究都能获得商业赞助，赫森的论点似乎毋庸置疑。据调查，世界上一半的物理学家都得到了国防经费的某种形式的支持。用乔治·克拉克的话来说，即使研究人员单纯由"纯粹的求知欲"所驱动，但其就职的大学或实验室获得的资助可能也部分源于国防合同、"石油巨头"① 或其他关联企业，而包括政府资助和捐赠基金在内的非商业性赞助也肯定取决于根据复杂的指标来预测的社会或经济效益。

我们已经接受了这个事实：所有的思想和实验都是在特定的社会环境下，在某个时间和地点产生的。[32] 如果不曾用枪炮来"挑战自然主义者的推断"，如果包括塔尔塔利亚和布朗克子爵在内的质疑者未曾对枪炮的属性进行研究，这些后来被牛顿应用的诸多观察和推论的原始资料都无从谈起。

牛顿能够从所有已知并记录下来的思想中筛选出合理部分并加以整合，同时通过自己的推理，提出一个清晰的理论体系，这部分归功于他的过人天赋。不可否认，牛顿在担任皇家铸币局局长期间职位显赫，是社会的深度参与者。但我们是否可以认为，那个独自待在剑桥大学三一学院宿舍里的"隐士"牛顿是"另一个牛顿"，一个仅受"求知欲"驱使的牛顿？ 这可能是个天真的想法，有人可能会说，如果牛顿的成果不是由社会效用推动的，那就是一种源自他自身信仰的宗教研究，旨在洞察神的心智。正如他在晚期的一部著作中所说："这个由太阳、行星和彗星组成的美妙绝伦的系统，唯有在一个智慧且强大的存在的指导和支配下才能运行……这个存在统领万物，它不是世界之魂，而是万物之主。"[33]

但是，宗教或社会对个体能动性、个性以及好奇心（人类最强大的情感之一）是如何定位的呢？

1728 年，牛顿去世后，他的最后一部著作——《论世界的系统》（*A Treatise of the System of the World*）才得以问世，书名向世人展

---

① 一般指世界上资本或企业规模巨大的石油集团公司。——译者注

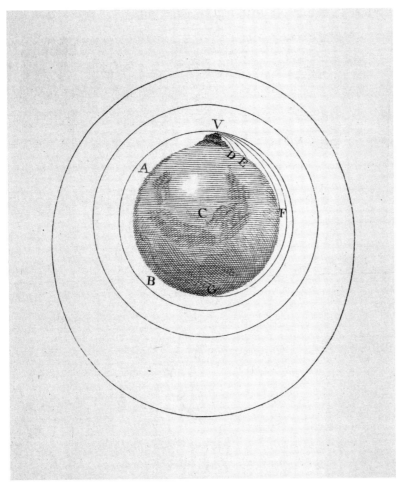

大炮弹道。出自艾萨克·牛顿的《论世界的系统》(1728)。事实上，该作品提出了人造卫星的发明，比苏联的第一颗人造卫星"伴侣号"(Sputnik)和国际空间站的出现早了约300年。

示了他的雄心壮志。书中最后一段描述了一个思想实验，讲述一个抛射体从山顶加速射出，直至最终进入轨道。令人费解的是，牛顿在讨论中并未提及枪炮或炮弹，却在一张插图中对此进行了展示。他的论断也暗示了存在着一架超自然的具有非凡威力的大炮，事实上，也只有这样的大炮才能使这个实验成为现实。

通过这个实验，"牛顿彻底摒弃了射击学所用的语言，进入了抽象力学的世界，他描述的抛射体没有落向地面，其射程不断延伸，直至落入围绕地球的轨道，进入了永恒运动"。[34]

在牛顿之前，天体被认为有着自身恒久不变的运行法则，而地球上所有物体的运动终会衰弱。然而，弹道学开启了对运动进行研究的新世界，帮助推翻了亚里士多德和文艺复兴时期的运动学说，并将地球上的力学活动和宇宙中天体的运行模式联系起来。在牛顿的思想体系中，在一个能解释这些现象的和谐系统之下，天体力学和地面物体的运动是一致的：卫星、行星、炮弹和苹果的运动都遵循着迷人而相同的物理定律。

2

枪与福特

1790 年 11 月，法国枪匠兼发明家奥诺雷·布兰（Honoré Blanc）对一种新型制造品进行了精彩的展示，令法国的学者、政治家和军人大受震撼。在这之前，布兰已经在巴黎东部文森城堡（Château de Vincennes）地牢里的一间实验作坊中制造了 1000 个枪机（枪的机械工作零件）。当着这些重要人物的面，他证明了所有枪机都可以由可互换零件组装完成：布兰从箱子中任意挑选零件，然后将其组装成一些可正常使用的火枪，展示了他完美的制造体系。[1]

如今，汽车、电脑等结构复杂的产品都能通过批量生产近乎完美地呈现在我们眼前，对此人们早就习以为常，很难理解布兰此举的大胆创新。但在当时，像钟表、枪或风车这样具有复杂机械结构的装置，只能由工匠凭借自身精湛的技艺来逐一组装、调整并校准每一个工作零件。要创建一个通过众多组件的交互作用可以重复工作的设备，且每个组件都在运动学和三维上相互关联，这需要工匠对设备的工作原理有较为深刻的、自发的理解。工匠不只负责制作零件，还要制作全套功能装置，其中蕴含着枪和钟表制造的"秘诀"或造船匠人的精湛工艺，从事这些职业的工匠都需要经历漫长且专注的学徒期。在工业文明发展初期，工程制图和设计都还没有形成正式以图展示的惯例，除了通过模仿以及在作坊里勤加练习，没有其他方式能够传达或明确一个零部件的具体构造是什么样的，也没032有正式的方法来定义性能的"匹配度"或产品表面需要达到的光泽度。工匠们只能借助成品进行实践、"感知"以及难以用语言描述的隐性技能来完成制作。

尽管布兰身处手工制品的历史阶段，但他使用了新的量规和工具，展望了一个能快速完成批量生产的未来世界。在进行宣传的同时，他还向法国大革命期间成立的国民议会提交了一份手册，提议建立一个国营作坊，摒弃制造业的"旧制度"，采用"统一生产的模式"运作，以满足法国对火枪的所有需求。这个作坊的规模甚至能容纳并雇用全法国范围内游手好闲且无特别技能的流浪汉。[2]

"旧制度"这个词在法国大革命的背景下有着不太光彩的含义，

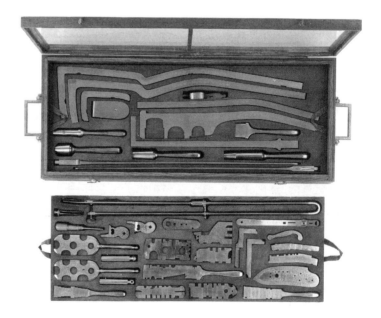

1802 年到 1803 年，奥诺雷·布兰制造 M1777 型步枪使用的量规，可以明确所有零件的尺寸以及侧板所有钻孔的位置。

毕竟谁又曾想到自由主义者会将矛头对准"制造业"呢？但对于要
打破"旧制度"的革命者而言，即使是手工艺行业也意味着某种
"特权"。

手工艺行业的特权

033

事实上，对工匠的道德抨击可以追溯到更早的时期。在布兰时
代之前约 50 年，德尼·狄德罗（Denis Diderot）和让·勒朗·达
朗贝尔（Jean le Rond d'Alembert）就主编了巨著《百科全书》
（*Encyclopédie*），这部伟大的启蒙作品论述了当时的手工制品文化，
将矛头对准贵族、牧师和各种形式的特权阶层，也指向了工匠和他们
的"秘诀"。[3]

令人吃惊的是，尽管"启蒙"这个词本身就具有强大和积极的
内涵，但这一致力于培育理想、思想和实践体系的"启蒙工程"表
明或至少预示了一个议程，它旨在深入剖析这些根植于心、出于直
觉的古代手工技艺，并抨击工匠的"私人领域"，即他们口中所谓的
"自由"。

不可否认，每个行业都有特定的专门知识，但狄德罗认为手工
艺行业的秘密大多是指工匠在工作台前长年累月所积累的实践和习得
的技能。然而，一个理性的启蒙哲学家如何仅凭一己之力揭开这些秘
密呢？于是狄德罗主张，政府应该"批准人们进入工厂和作坊，观察
工匠的工作，向他们提问，并画下他们使用的工具、机器甚至工作场
所。我们需要揭开所有秘密，无一例外"。在书中，他还发表了以下
惊人的论述：

我知道，并非人人都与我有同感。总有那么一些胸襟狭窄、

一间18世纪典型的"未经改造的"手工艺作坊，出自德尼·狄德罗主编的《百科全书》。

居心不良的人，他们漠然于人类的命运……这种人总以良民自诩，对此我倒也同意，但同时要指出，作为人类的一员，他们却不足取。隐瞒一宗有用的秘密是"可鄙的"，等于犯下了"侵占社会财产罪"……这种"良民"是我们最危险的敌人。[4][①]

因此，这部《百科全书》堪比一部"末日审判书"或一部关乎于所有行业和生产类型的目录，但它也能被解读为一本预备读本，旨在降低商品价格、广泛传播知识以及终结垄断行为，从而夺取手工艺行业从业者所掌握的工艺知识和拥有的特权。狄德罗声称，公开手工艺行业的秘密将使工匠们抛弃这样一种幻觉，那就是几乎每个工匠都认为自己的工艺已经炉火纯青。由于学识有限，他们常常将缺陷和瑕疵

034

① 德尼·狄德罗:《狄德罗的〈百科全书〉》，梁从诚译，花城出版社，2007，第147、188~190页。——译者注

归因于事物本身，却从未认识到自身所存在的问题。

对于狄德罗而言，熟练工匠（或"工艺大师"）显然是一个令人困扰的难解之谜。尽管他曾对工匠们不吝赞美之辞，说他们使用的"金线拉丝机或长筒袜生产机，以及辫发制造工、布料商或丝织工人使用的综框十分智能、灵敏和稳定"，但他又吹毛求疵地批评道，"1000 个（从事这些工艺的工匠）中也找不出 10 个人能够把他们使用的工具和制造的产品解释清楚"。这个大学者一定对这些大字不识的人竟然拥有如此娴熟的技艺感到十分困惑。于是，他设想了解决这个谜题的办法：一旦"哲学家"掌握了工匠的工艺秘密，就可以高高在上地对他们进行指导了。[5]

格里博瓦尔和系统化

奥诺雷·布兰改革火枪制造工艺的动力在于实现手工业系统化并降低枪炮生产的技术要求。在更早时期的法国陆军中将让－巴蒂斯特·德·格里博瓦尔（Jean-Baptiste de Gribeauval）的火炮改良工作中，这一诉求已经有迹可循。

在格里博瓦尔进行改革之前，法国炮兵使用的大炮有很多不同的类型和口径。从 18 世纪 60 年代开始，他就着手于大炮的简化和规范化工作，并大获成功，以他为首的"格里博瓦尔派"随之专注于火枪改革，以规范并统一火枪的设计和制造工艺。

传统的枪匠在独立的小型手工作坊工作，为了满足大量订单需求，他们不得不相互合作。即使是军方这样的大客户也发现，其很难让这些枪匠接受额外订单来满足超额产量的需求，但无可奈何的是，军官和士兵对武器制造一无所知，只有枪匠们是不可替代的，并且也只有那些在传统工艺大师的训练下完全掌握了工艺技术的学徒才能承担枪支制造工作。

　　但是，在强硬派看来，火枪制造者实际上应该被视为士兵。枪匠为军队服务，没有枪匠，士兵就无法作战。皮埃尔－安德烈·尼古拉斯·达古尔（Pierre-André Nicolas d'Agoult）对这个观点深信不疑，他负责监督位于圣艾蒂安（Saint-Etienne）的主要工业中心的军需武器制造，据说他曾于 1781 年监禁了几十名在枪支制造上没有达到标准的枪匠。达古尔是一名勇猛的炮手，曾在七年战争（1756~1763）中因炮弹和刺刀两度负伤，他完全无法容忍技术拙劣的平民。

　　可是，这次监禁却导致了事与愿违的结果。这些枪匠向市议会提起了诉讼，然后得到释放，因为他们是公民和纳税人。作为对这些枪匠的回应，军方对奥诺雷·布兰及其新型制造体系提供直接的支持。国家协助布兰在罗阿讷（Roanne）新建一座武器工厂，此地距圣艾蒂安 50 千米，同时也远离了这些令人头痛的枪匠。因此，布兰的工厂不仅仅是一个技术实验，同时也巧妙绕开了这些传统枪匠，是对他们的傲慢态度和自由散漫的惩罚。 036

　　然而，布兰的计划相对默默无闻，只取得了有限的成功。他生产了数千件完整的武器和枪机，但是没有一件器械留存至今，我们对他使用的机器知之甚少，而且这些器械似乎也不太可能达到所要求的精确度和重复性，因为仅仅在几十年前，人们才对精密工程测量所需的车床、铣床和系统进行改良。布兰在测量技术和仪器方面做出了卓越的贡献，但由于当时所生产的不符合要求的零件会被报废，产品的废品率可能会很高，这会造成巨大的损失，工厂使用"枪机零件的调节器和校正器"这一事实也证明了这一点。实际上，专门的"质检人员"负责常规安装和装配工作，但在传统体系下他们只需检查熟练枪匠的成品的质量，据说在布兰的工厂里他们的工作量达到之前的 20 倍之多。考虑到布兰开发的大规模生产体系虽然具有现代化和"合理性"的优点，但仍旧不够成熟，并且在该体系下武器制造所花费的成本会比将被其取代的传统体系高出至少 20%。法国政府给他的工厂发放了软贷款 ①，派遣士兵援助工厂，工厂每生产一件枪机，法国政府还给予 27% 的补贴。[6] 仅从成本来看，就能够解释为何这一理想化的标准生产体系未能全面推行，布兰的工厂模式未能推广到其他企业也就不难理解了。1800 年，拿破仑的炮兵指挥官关闭了该工厂。如我们所知，布兰创立的理想化的枪支制造体系很久之后才在美国得以实现。在美国，这个被称为"兵工厂系统"的体系建立在高昂的费用支持、数十年的实验以及对机床和测量手段进行诸多改进的基础之上，而这些先决条件多半都率先在美国得以实现并获得了政府的资金支持。尽管存在许多革命性的技术创新，但似乎只有武器研发才有如此超乎寻常的力量来推动所需的研究，也只有武器研发才能让政府愿意资助这样具有投机性且成本高昂的长期项目。

节省时间和早期工业资本主义

037

兵工厂系统的关键元素包括广泛的机器使用和严格的劳动分工，将工人的任务理想化地简化为单一重复的操作，这也是布兰的愿景。卡尔·马克思（Karl Marx）在 1848 年发表的《共产党宣言》（*Communist Manifesto*）中写道，正是这些要素剥夺了工作所有的个性特征，"并最终让其丧失了对工人的吸引力"。当然，除此之外，马克思认为蒸汽机和时钟的生产也具有这些大规模工业生产的重要特征。

---

①　特点：偿还期限较长、利息很低或无息、带有援助性质。——译者注

　　这个观点也被社会历史学家广泛接受，但马克思将英国作为一个典型案例，英国支持为了利润和生产而进行资本配置，早在配备自动化机器和蒸汽机的工厂和磨坊成立之前，规范和控制工作流程的想法已在英国出现。在英国历史学家爱德华·帕尔默·汤普森（E. P. Thompson）的一篇颇有影响力的文章《时间，工作纪律与工业资本主义》（"Time, Work-discipline and Industrial Capitalism"）中，他引用了一封写于 1681 年的具有揭示意义的信，信中提到了当时还未实现机械化的英国纺织业：

　　　　机织工或丝袜工的工资很高，据观察，他们很少在周一和周二工作，大部分时间都花在啤酒馆或九柱戏①上……编织工通常在周一酩酊大醉，周二头痛不止，周三把工具弄得一团混乱。7

　　汤普森表示："在任何工人可以掌控自己工作时间的地方，一个典型现象是工人在高强度工作和游手好闲两者之间轮换。"他指出，这种现象也发生在"一些自由职业画家、作家……或许还有学生身上"。8

　　随着工业愈加集中化和系统化，"时间成为金钱，它不是用来打发的，而是用来消费的"。事实上，在机械化和集中化发展的过程中，"节约时间的宣传"仍在继续并得以加强。9汤普森表明，工人懒散的问题严重困扰着工业革命早期的道德学家，其中一名作家在 1821 年惋惜地指出，手工工人们往往每天有好几个小时可以"自由挥霍。那些没有受过教育的人是如何度过这宝贵的时间的呢？"答案也许是坐在长椅或小山丘上，陷入"极度空虚，萎靡不振"，抑或是成群结

① 现代保龄球运动的前身，主要流行于欧洲。——译者注

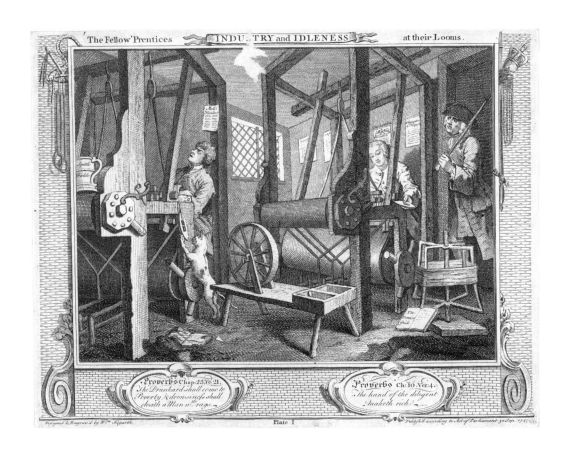

队地聚集在路旁，粗鲁无礼地用庸俗的语言"调侃"或嘲弄路过的行人。[10]

　　出于某些未知的原因，在从封建时期迈向工业化时期的过程中，某些行业得以崛起，可以控制自身的产出和劳动力，这实质上意味着能够对工作的期限和强度进行规定。因为这是一种特权和自由，商人、垄断者、道德学家和社会改良者们对此愈加反感。

039　　在 18 世纪的前工业化时期，一场关乎究竟应由谁掌控劳动过程的争论爆发了。[11]争论爆发的原因是习惯于同金属、材料和机械打交

威廉·贺加斯（William Hogarth）于 1747 年绘制了《织布机前的学徒工们》（Prentices at Their Looms），为"勤劳与懒惰"（Industry and Idleness）钢板画系列之一。画中引语来自圣经《箴言》，左边的学徒拿着一壶麦芽酒，下方写道："因为好酒贪食的，必会贫穷。"在他尽职尽责的同事下方，则写道："手勤的，却要富足。"①

————————————
①　译文引自《圣经》和合本（简）。——译者注

道的实干家们，如工匠，能将自身的智慧和技能应用于某些工作和商业领域中，而商人和投资者由于对这些工作和领域不够了解，无法进行干涉和控制。正是这些实干家率先建造了城镇和教堂里的时钟，工匠们常常奔波于城镇之间，签订合同，建造这些意义重大的后来也被认为对社会必不可少的新装置。正是他们的智慧发明创造了钟表和各类枪械，还制造了一些如刀、平底锅、锁和剪刀等具有切割用途且经久耐用的家用必需品。

亚当·斯密（Adam Smith）在其著作中也清晰地表现了18世纪的哲学家对工匠的偏见。例如，他在《国富论》（*The Wealth of Nations*）的初稿中写道，水磨和风车的出现"不是因为任何类型的工匠，而是因为哲学家……他们的工作不是建造任何东西，而是观察一切事物"。[12] 荒谬的是，历史所呈现的事实与他的观点大相径庭。在古典时代的希腊，由于当时杰出的思想家对最广泛意义上的机械制作很感兴趣，情况或许有所不同。[13] 但是，从罗马时代一直到中世纪，实用类机械的几乎每一步微小的发展都归功于未受过教育的"精明人"，并且在欧洲大部分地区，从中世纪到工业革命初期，没有任何一个哲学家对机械的改进做出过哪怕一丁点贡献。

所有行业都在有条不紊地进行改良。很多水车工匠，或前面提到的钟表匠，都理所当然地满足于他们所习得且习惯的声音设计。但是，有那么一些更具想象力和创新意识的工匠并不满足于此，对这些机器进行了精细的改进。例如，在计算齿轮形状的数学原理问世以前，这些卓越的工匠就已经完善了用于驱动水轮的传动装置；他们设计了可调节的闸门来控制水磨（以及一直使用到当代但后来也被人们抛在脑后的河流管理方案）；发明了能自行转动以使旋转面正对风向的风车（单柱风车）；还制作了在大风天气能够自动收缩，以防止风车被损坏的叶片。这是一个新发明不断涌现的时代，但"发明家"一词还未被人们所定义和称颂。在这个并不推崇个性化和优先权的时代，这些富有创造力的人只能在邻近的社区得到认可，他们的名字也常被人们遗忘，就连原始平衡摆的发明者都无人知晓——正是这个摆

Fra Raffaello da Brescia，1513~1537 年绘制。这幅绘有时钟嵌板的细节图展示了用来调整时间的原始平衡摆（钟下面弯曲的杆）。虽然原始平衡摆的发明者不为人知，但它仍是中世纪晚期最伟大的机械发明之一。

动杆的发明推动了第一个真正意义上的机械时钟问世。一位历史学家 ₀₄₁ 曾写道，如果我们知道这位发明者的名字，那么"他理应得到世上所有的赞誉之辞"。

尽管马克思对劳动分工体系进行了理性批判，认为职业分工细化剥夺了人类多样化的本性，剥夺了工作的吸引力，但这些分工在一定程度上也是独立工匠的创造性成果。如果身处 18 世纪晚期的某个制表区，如伦敦的克勒肯维尔（Clerkenwell），你将对眼前的情景惊异不已，搬运工奔波于不同的工匠之间，他们携带着装有特殊隔层的托盘和盒子，匆匆爬上公寓楼梯进入高层和阁楼或建在房子后面的工坊，收集手表的各个零件。有的工匠只制作摆轮的细弹簧，有的制作切割轮（工程术语为齿轮），有的描画表盘，其他人则切割指针并将其染成蓝色。还有的工匠把所有的工作部件装配成机芯，之后再由另一位将其装入表壳。如此精细的划分是为了追求速度。毋庸置疑，这些工匠在学徒期间已经掌握了诸多技能，其中很多人也独立制作过完整的表，但当一个学徒或其工友察觉到某个工匠在某一方面的制作上独具天赋时，此人就会自然而然地被激励去追求更高效和专业化的工作。

表的零件制作要求极高，需要最精细和熟练的手法，追求无可挑剔的细节和极致完美的加工。而且，这一制作几乎达到了人类视力的极限：表盘画师必须确保动作准确无误且幅度微小，一个失误哪怕是最后一笔出现差错，也会前功尽弃。仅仅一枚英国怀表的制作过程至少涉及多达 30 个工种。

无须亨利·福特（Henry Ford）前来讲解劳动分工的本质，这些工匠已知道自己必须通过提高产出速度和高度专业化才能获得能维持基本温饱的工资。于是，他们逐渐能熟练地使用工具、安排工作流程 ₀₄₂ 和选择所用材料，更重要的是，为了使收入最大化，他们学会了如何进行专业化工作。搬运工携带着各种零件奔走在各个工匠之间，每次奔波只能完成制表工作的一部分，制表行业就这样在高度多样化的运营形式下产出了大量制作精美的钟表。

由于过于分散，这种制造方式早已随着时代的发展被淘汰。其原因主要在于，和福特（Ford）、奥斯汀（Austin）和菲亚特（Fiat）不同，这种制造方式几乎没有留下传世不朽的建筑遗迹。从事这种制造的工坊都位于伦敦老城区，如斯皮塔佛德（Spitalfields）或克勒肯维尔等地区的廉租公寓，又或者是在伯明翰珠宝区的排屋里，[14] 事实上，这种制造方式就是"工厂出现之前的大规模生产"。

兰开夏郡手表中心普雷斯科特（Prescot）的手表机芯成品，约 1870 年。来自各个工坊的众多工匠通过合作制造出这枚机芯，放在专用的盒子里，然后送到整理工手中，而表壳则由另一位工匠制作，整理工将机芯装进表壳，或许最后还会在表壳上刻上商标名。

伯明翰的枪支贸易及其批判者

尽管这些有序发展的制造体系实力强大、分工精细，但在为特定目而建造的高度资本化的工厂内，大规模生产的新模式将不可避免地出现，而正是枪支以及国家对武器的需求推动了人们探索一种新型的综合生产体系。

到了 19 世纪 50 年代，对英国武器的供应状况的关注聚焦于伯明翰发达的枪支贸易。令人诧异的是，英国再次上演了大概 60 年前在法国展开的围绕武器生产的争论。

伯明翰也被称为"贸易之城"，是枪支的主要产地。它展现了早期工业世界的一大特色——灵活且分散的工匠网络，也在很长一段时间里持续高效地生产枪支。但是枪支生产的批判者认为该贸易发展缓慢、不够先进且资本投入不足。

克里米亚战争①暴露了军事武器供应的一个弊端。这一贸易的基本传统结构由工匠之间的分工构成，他们自主支配工作，对于现代化主义者来说，这点似乎十分难以接受。一名个体经营的枪管锉磨工人可以赶工制作十几个枪管，也可以选择去酒馆或赛马会度过一天。于是，"为了支持机械化的发展……小型作坊内的生产受到普遍批判，被认为经济效率低下，同时也助长了工人阶级无视职业道德的行为"。[15]

对于政府批判者来说，伯明翰的枪支贸易仿佛是 18 世纪的遗留物，不合时宜地出现在了现代化的 19 世纪，得到了 1854 年成立的议会轻武器制造特别委员会（Parliamentary Select Committee on the Manufacture of Small Arms）对其"陈旧特质"的关注。毫无疑问，

---

① 1853 年至 1856 年在欧洲爆发的一场战争，俄国与英法为争夺小亚细亚的地区权力而战，是兵力与武器、军事学术与海军学术发展史上的一个重要事件。——译者注

理想的生产模式是美国的新型综合体系，于是一名委员会成员提出质疑："为什么伯明翰的制造商如此依赖工人？如果他们拥有足够数量的可用于枪支制造的机器，他们就应该完全不受这些工人的影响，也不用像现在这般卑躬屈膝。"[16]

　　然而，令人不快的事实是这些工人并非在为制造商工作。枪支贸易主要由一群小型经营者展开，每一位经营者都有自己的作坊和几名员工，这些人在英格兰中部地区的金属贸易中常常被称作"小作坊

19 世纪晚期的伯明翰，又称"贸易之城"。珀西瓦尔·斯克尔顿（Percival Skelton）绘制。

主"（small masters）。同时，很多自由的个体工匠专门制造枪支的
某些零件或负责某一个特定的制造环节，有的负责锉光枪机零件，有
的给枪管抛光，有的则制造枪托，等等，构成了一个繁荣的枪支贸易
生态圈。一些独立经营的金属工人通常只拥有一个工作台、一条皮围
裙和几个价值几英镑的工具，有些人除了技术和租用的工作场所几乎
一无所有，他们的工作场所就是工作台或铁匠炉旁的一个狭窄的空
间。在 19 世纪早期，仅伯明翰就有 51 个枪支贸易种类。[17]

　　通常的流程如下：重大的政府合同由某个主要的经营者或商人来
履行（令人困惑的是，商人也会把自己称作"枪匠"），然后合同履行
者会将分散的"小作坊主"们召集起来，通过开会进行协商和讨论，
针对需要制造的各种产品商定最终价格和交付时间。

　　尽管人们认为伯明翰的这种生产方式十分落后，但在大型公司并
未参与其中的情况下，其产量从 1803 年到 1815 年就迅速增长了 5 倍。
因为政府支出有限，武器需求并不稳定，订单零散，这种生产方式的
机械化水平没有得到提升，也未能按照美国的生产模式合并成统一的
大型工厂。枪匠们认为，生产力落后的根本原因在于生产需求未能持
续和政府目光短浅。

　　高度一体化的美国兵工厂系统从诞生开始就置身于与其他国家完
全不同的经济环境，并且获得了不同形式的大力资助。由于美国对武
器有着持续的需求，政府会为昂贵的生产实验提供资金资助。但是，
美国工厂这种模式，或者说这种典范，在工薪阶层的漫长斗争中也只
是花言巧语，工人们在这一斗争中逐渐失去了掌控工作过程的能力，
他们无法选择工作的时间，也无法根据自己的意愿决定是否工作，总
之，他们无法享有在此之前枪匠们拥有的颇具争议的高度自主权。[18]

　　但是，具有现代性的花言巧语力量强大，美国典范也促使人
们乐此不疲地探讨关于"工人阶级职业道德败坏"的话题。从结果

来看，机械化和"职业道德提升"之间的联系也正是美国实践极具吸引力的一个方面，因为当英国委员会第二次访问美国并考察春田（Springfield）和哈珀斯（Harpers）渡口兵工厂时，报告上赫然写道："雇员们纪律严明、有条不紊、头脑清醒。"[19]

伯明翰枪支贸易争端的最后一幕大戏是英国决定购买美国军械，从而扩大位于恩菲尔德（Enfield）的国有皇家兵工厂的产量。作为回应，伯明翰也开发了一个由私人投资的统一生产体系：部分枪匠在 1861 年创建了伯明翰轻武器公司（the Birmingham Small Arms Company，BSA），投资新军械并建立了一体化工厂。

1851 年，在英国举办的万国工业博览会上英国制造商惠特沃斯（Whitworth）展出的机床。路易斯·哈格（Louis Haghe）绘制。

美国的生产体系

美国的实践到底是如何被英国当作标准并用来指责本国的武器制

造商的呢？毕竟早在 1851 年举办的万国工业博览会上，英国就已拥有像约瑟夫·惠特沃斯（Joseph Whitworth）这样的制造商，他设计的机床和精确的测量新工具震撼了全世界。惠特沃斯建立了自己的公司，制造通用金属加工工具，如果工人学会使用这些工具，就能制造出从棉纺机到机车的任何产品。

"美国体系"与英国工程实践的目标迥异：该体系致力于设计全套特殊专用工具，每一种工具只制作一个子部件，或者只完成一项工作，各种工具集中在只生产一种产品的工厂里。正是枪支制造推动了这个复杂且昂贵的体系发展。 047

由此产生的组织形式往往被人们称为"去技能化"生产，其实这个说法并不准确。低技能或非熟练工人在生产中确实可以发挥一定的作用，但实际上这种形式更像是一个"技能放大器"，仍然需要技艺精湛的工匠去设计、安装和调整生产机器。在现有体系下，技术水平高的工匠在大规模生产模式下的工厂工具室里从事调整、修理和安装机器的工作，宛如置身于"至圣所"①。

这样的结果导致了工具制造者成为一个与机器操作工或生产线工人完全不同的独特群体。例如，在大型汽车公司的全盛时期，"工具室作业"意味着可以达到的生产最高标准，工具制造者成为工业世界的贵族，这也是德尼·狄德罗或亚当·斯密未能预见的。

一些历史学家认为，熟练工人的相对短缺和有效利用熟练工的需求推动形成了一个全新的美国体系。另一些人则认为尽管当时美国和英国的人口规模大致相当，但庞大的美国市场证明了对新体系的投资是合理的。[20] 不可忽视的是，该体系的出现并非只归因于经济基础，它还建立在一种理想主义之上，这种理想主义在探索合理且系统的枪支制造中

---

① 在犹太教中被认为是耶和华的住所，意指非常神圣的地方。——译者注

得到淋漓尽致的体现，这为美国的新型制造体系奠定了坚实基础。

还有一个关键因素在于，1790 年，布兰在法国完成展示后，时任美国驻巴黎公使（大使）的托马斯·杰斐逊（Thomas Jefferson）写信回国，提出了武器应实现理想化的大规模生产，这一新理念迅速在刚刚成立的美利坚合众国得到支持。该项目引起了美国军方的兴趣，因为它不仅意味着能够提高枪支组装速度和统一枪支性能，还能使实地修理枪支更加便捷，在必要时还可以拆卸损坏的枪支，将构件作为替换零件再次使用。于是，政府资金源源不断地投入新型的武器制造体系，资本潮水般涌入包括春田和哈珀斯渡口兵工厂在内的政府兵工厂，伊莱·惠特尼（Eli Whitney）这样的私人承包商也获得了大量资本支持。

事实证明，美国对枪支可替换性的探索之路比预期更艰难，整个项目引发了从哲学角度对"知识"这个问题的有趣探讨。原因在于，尽管"占有欲强的"传统工匠（狄德罗所说）肯定拥有自己的工艺秘密，也掌握了大量的知识，但除了示范和指导，他们并不知道如何将这些知识系统化地梳理并传授给其他人。工匠们拥有实践经验和工艺技术，但没有一套详细连贯的工艺体系能得到广泛传播。大规模生产的枪支与工匠制造的枪支外观十分相似，功能相同，但它确实是一种新的物件，在概念上与工匠制造的武器完全不同。

"隐性知识"这一术语通常被用来讨论传统工匠的直观技能，由于阐述这样的知识挑战巨大，很少有人对此进行尝试，除了以书面形式呈现，用其他形式描述隐性知识几乎不太可能。[21] 在此，我们试图采取反向描述的方式，总结一些概念和准则来归纳隐性知识和实践经验。从实践中手和眼的技能到装配组件时的"感知力"和观察力，以及工匠脑海中直观且已内化的设计图，所有这些都要通过新的系统化技术和几何概念呈现，例如，在描述时需要使用"支承点"（现在被称为"基准")这个术语，组件上的所有面、孔或功能元件都要根据该点以精确的方式进行测量和组合。

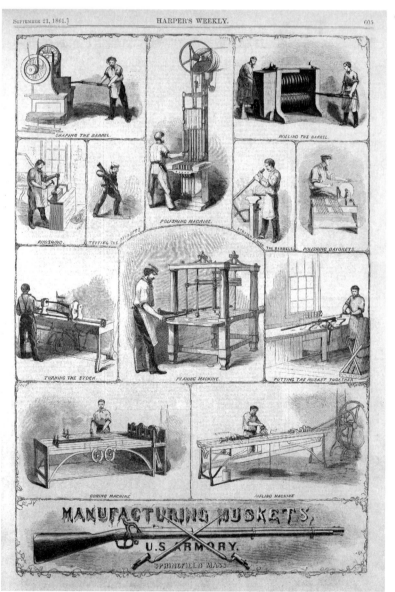

049

美国的火枪制造。载于《哈珀斯周刊》（*Harper's Weekly*），1861 年 9 月 21 日。

如今，用图纸（纸样或电子文件）清晰地展现三维物体已成为设计和制造过程中必要且合理的一个步骤，但在手工生产时代早期，这是无法实现的。尽管建筑行业很早就开始使用正规的图纸，但像锁、枪和门锁这样小而复杂的机械物品是从原先的类型逐渐演变而来的，其构图存在于制造者的脑海里。制作过程中有时也会用到模型，但通常是为了推广某个想法、申请专利或进行解释。在当时，立体产品优于描述性的二维图纸，图纸往往在发明和创造（如果存在）完成之后再进行绘制，通常用在参考著作或编著的"百科辞典"中。为了使工厂化生产蓬勃发展，必须设计一种全新的用于工程制图的图形语言，建立新的制图规范，于是陆续出现了各种半透视技术，如"第一角投影法"，还发明了用于向机械师清楚说明每个零件所有细节和尺寸的符号。

众所周知，新的兵工厂系统旨在实现单个部件的一致性，从而避免烦琐的清理和装配工作，以使工人能够快速组装武器。但一个新的问题随之而来：即使设计出了新的生产机器，仍然无法生产出理想化的尺寸恒定的零件。这是因为机床在切割、冲压或锻造零件的时候会发生磨损、改变甚至弯曲，还会出现不可避免的尺寸"蠕变"①，部件的数据会随机发生变化。这个问题颇令人烦恼，因为标准化的宗旨是在最后的装配阶段减少对技能和判断力的依赖，即不再需要工匠来匹配各种零件。

一个解决方案就是应用测量工具。尽管在整个 19 世纪，精确度达 1/1000 英寸（25 微米）或更高的千分尺和量规已在工坊广泛应用，但如今设计师和工程师需要发展一种新的理念以利用这个新机会达到高精确度。

那么，一种"测量体系"是必不可少的，这意味着正式建立一种

① 材料在恒定温度下受到恒定应力期间所发生的变形。——译者注

19世纪70年代美国制造的手持式千分尺。尽管大型台式千分尺已广为人知，但车间里的机械工人也可能有精确度达1/1000甚至更高的个人基准。

体系以确定可接受的规格范围（"限度"或"公差"），随之就产生了一个关乎知识和实践的新问题，这个问题需要一定的时间和大量实验才能找到解决方案。首先，必须考虑整个成品机器中所有部件的尺寸限度，其次，需要了解每个零件同其相邻零件之间的配合方式，还得遵循通过功能步骤在机器的零件之间形成的一系列相互作用原理。一对零件可能会在允许的公差范围内协同运作，但是在多个零件组装在一起时就不是这么简单了。如果所有零件碰巧都处在所允许达到的最大尺寸限度，公差就会不断累积，从而导致整个机器无法运行。在某种程度上来说，这就是传统枪匠们内心知晓但无法言说的"秘密"。

051

起初，实现真正的可替换性费用昂贵。但是，同大部分的私人客户相比，美国政府能够为生产完全相同或可互换的武器投入更多财力。然而，为了实现这一目标所进行的实验需要40多年，并且由政府全程资助，总体来看，这无意之间也给美国制造业的发展提供了资金支持。这样的实践给美国带来了一项令人惊叹的新技术，即如今广为人知的"美国的大规模生产体系"。[22]

　　这项新技术（或其前景）也是众多工程师实现自我提升的一个途径。就像奥诺雷·布兰曾邀请那些显要人物亲自拆卸和重组他制造的武器以证明武器的完美无缺和完全一致，伊莱·惠特尼后来也把样品送到美国政府和军方代表的手上，让他们进行同样的试验来证明他的机械化流程的完美。

　　惠特尼这个做法的巧妙之处在于，没有人知道选择这些用于特殊演示的武器的特殊零件之前做了多少准备工作，几乎可以肯定地说，这戏剧性的一幕离不开他及工人私下对所有零件无比精确的测量和反复进行的组装试验，这已经远远超越了实际生产过程中经济学上切实可用的操作方式。这一观点可从对惠特尼工厂的独立评论中得到印证，有人声称，当时惠特尼的工厂只拥有"最简单、最廉价的设备"。[23] 尽管如此，他依然拿下了使工厂得以维持经营的合同，而检查员们也逐渐意识到他们应该随机选择零件进行测量。不过，美国的兵工厂项目确实取得了巨大的成功，大卫·亨舍尔（David Hounshell）所描述的工业环境也逐渐得以形成，美国的机械工人"构思出自己的想法，然后在外部世界加以利用"。[24] 事实上，惠特尼的表亲阿莫斯（Amos）在武器和其他工业领域也是一名卓越的发明家，他和同事弗朗西斯·普拉特（Francis Pratt）共同创立了名为"普拉特·惠特尼集团公司"（Pratt & Whitney）的机床生产公司。直至今天，该公司仍然是世界上最著名的喷气发动机供应商之一。

汽车城：百万罪人堕入地狱时的集体呻吟

　　随着美国政府不断往兵工厂项目投入巨额资金，美国制造业迅速崛起，尽管这并不是政府的最初意图。这是经济学中"政府注资"的一个典型案例，政客和政府经常试图实现一个目标，但结果却不一定与预期一致。"兵工厂实践方式"逐渐成了生产工程中最高标准的代名词，尽管其采用的方法并不总能被人完全理解，但其他类型的生产也开始采用这种方法。逐渐地，"兵工厂工人"让美国的工厂对测量、设计的定义以及尺寸限制或公差的重要性有了更深刻的理解，这些工厂开始制造包括打字机和联合收割机在内的所有产品。

　　当然，体系建立之初，人们还不能完全理解其中的奥秘。例如，胜家缝纫机公司（Singer Sewing Machine Company）开始认识到精确尺寸和测量的重要性，但它却试图只制造尺寸完美或"理想化"的零件，没有意识到这几乎是个不可能完成的任务，由此产生的后果就是产品的废品率奇高，工厂不得不采用业界久已存在（有些人认为是"英国的"）的工程工艺实践方式——专业的选择性组装。不过，这只是一个前进道路上的小障碍，位于波士顿附近的沃尔瑟姆（Waltham）手表工厂后来展示了如何应用新体系来制造一个结构复杂的装置，在此之前即使是专业工人也需要耗费数小时才能完成。

　　塞卢斯·麦考密克（Cyrus McCormick）在芝加哥建立的大型新工厂也随之完善了大规模生产方式，为中西部地区的麦田供应收割机和农业机械。但总体而言，在汽车制造领域，新技术的成功效应是最显著的。兵工厂工人及时来到底特律，协助亨利·福特正在开展的一项汽车生产实验，因为若零件不具备可重复性和规格统一性，大多数非熟练劳动力就无法进行大规模装配。虽然兵工厂系统本身不是大规模生产，但是其尺寸控制、精确测量和可重复性是大规模生产的重要前提。

　　福特 T 型车坚固耐用且价格低廉，推动了美国汽车工业的发展。尽管这款汽车是一种实用工具，但它在设计、装配和冶金技术等方面

1885 年，沃尔瑟姆手表公司（Waltham Watch Company）将一条小型生产线在伦敦举办的国际发明展（International Inventions Exhibition）上进行展示。工人在流水线上有序制作和组装零件，证明了该体系优于欧洲的生产模式。

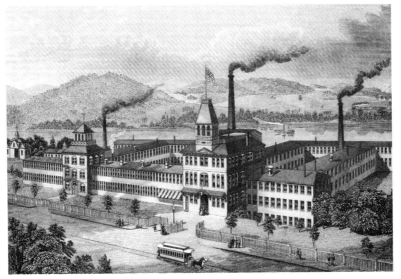

"1876 年的马萨诸塞州沃尔瑟姆的美国手表公司"，由约翰·阿莫里·洛厄尔公司（John A. Lowell and Company）雕刻。在汽车出现之前，流水线或大规模生产就已开始改变工业建筑。

品质卓越，在恶劣环境中只需基础保养就能保持长久的使用寿命。T型车速度不快，但它性能灵活、适应性强、离地间隙高，在大部分道路仍旧坑坑洼洼且未铺设柏油路面的时代非常实用。

　　该设计是合时宜的，这也证明了亨利·福特在近 20 年间建立的诸多大型工厂和 1500 万辆汽车的巨大产量是相当合理的（只有多年后的大众甲壳虫汽车的产量才能与之媲美），对一体化工厂进行巨大投资也十分划算。可以这么说，福特第一个同时实现了高品质和一致性，但最重要的是，他成为让汽车与美国国情相适应的第一人。

　　若不是几大历史潮流合力推动，福特汽车的制造成本不可能如此之低。新英格兰兵工厂的实践发挥了一定作用，许多其他驱动因素也功不可没，比如"将工作转移到男人身上"，以及福特提到他在参观芝加哥的一家屠宰场时，看到动物经过高架传送带被肢解所产生的灵感，当然这句漫不经心的话掩盖了一个事实，那就是传送带在当时其实早已在美国的工业场所中出现了。

　　另一个因素则是劳动的精细分工。正如亨利·福特的生产规则所写的："负责放置零件的人不用固定它……负责上螺栓的人不用装螺帽，而负责装螺帽的人不用负责拧紧它。"[25]

　　许多人认为美国著名管理学家弗雷德里克·温斯洛·泰勒（F. W. Taylor）及其对"科学管理"的新研究在这场变革中也发挥了一定作用，但福特工厂远比泰勒所规划的更加精细化和系统化。虽然泰勒研究了每个"工作步骤"中提升动作的速度和效率的具体行为，为细分单个任务做出了贡献，但是福特的生产工程师对工程潜力的理解更加深刻，这一点是泰勒的研究未曾提及的。工程师们重新设计了零件以减少工序或降低某些临界尺寸，试验了新材料和更快的金属成型技术，把工厂中的操作流程安排得有条不紊，甚至确定了每一台机床的准确位置。

055

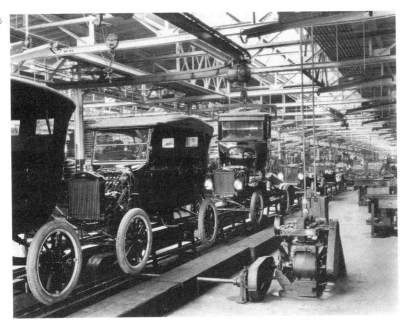

20 世纪现代化的经典呈现——
流水线上的福特 T 型车。

阿尔伯特·卡恩（Albert Kahn）
于 1910 年针对福特独有的
生产方式设计的高地公园
（Highland Park）工厂。

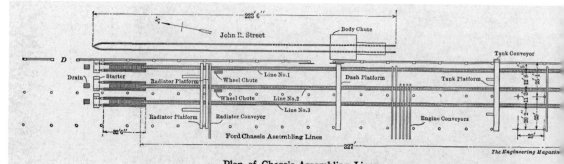

Plan of Chassis-Assembling Lines

The chassis assemblies begin at the south (right-hand) end, and move to the north (left-hand) end, under the overhead gasoline-tank platform, the n carrying chain-hoist tracks, the dash assembly platform and the radiator platform. They then take the wheels, run on the wheels on roller frames ov pit where a workman caps the front-axle bracing globe, and then down a short incline onto the motor-starting drive for the rear wheels. Then the cha driven under its own power, through the door, *D*, and on the John R street track to the southward

《福特方法和福特商店》(*Ford Methods and the Ford Shops*)（1919）一书中的机器布局图。该书作者为贺拉斯·卢西安·阿诺德（Horace Lucien Arnold）和费伊·利昂纳·福罗特（Fay Leone Faurote）。

　　有趣的是，亨利·福特声称他发现了所有对大规模生产至关重要的技术，但是他的一位得力助手查尔斯·索伦森（Charles Sorensen）却明确地将这个贡献归功于整个团队：

　　　　亨利·福特并不了解大规模生产。他想批量制造汽车，态度 057 十分坚定，但和同时代的其他人一样，他并不知道如何实现这个想法。在随后的几年里，他被赞美为大规模生产概念的创始人。事实远非如此，他和我们每个人一样，都在不断摸索的实践过程中逐渐成长。正是由于整个团队坚持不懈地进行实验和改进，用于生产的基本工具和配备了各种集成进料器的总装配线才得以诞生。[26]

　　T型车并不只是一个交通工具，它还体现了亨利·福特声称其发明的一种经济又高产的全新生产方式。"我不认为以我的名字命名的机器仅仅是一台机器。"他宣称：

　　　　如果以我的名字命名是做这件事的全部意义，我就不会继续下去。我把这些机器看作提出商业理论的实证，我希望它不仅仅是一个商业理论，它更应成为一个致力于让世界变得更加美好的理论。[27]

在成功和自我价值提升的鼓舞下，福特误打误撞地走出了汽车行业，尝试涉足国内政治、反犹宣传和世界和平倡议，并在 1924 年成为热门的总统候选人。时任总统卡尔文·柯立芝（Calvin Coolidge，该名是为了纪念 John Calvin）曾说："建造工厂的人建造了一座圣堂。"尽管他说这话的时候肯定想到的是福特，但在福特汽车工厂的实际工作经历对大多数"生产线"上的工人来说是令人压抑的，并且在一定程度上，导致了战后长期存在的工会激进主义，造成了位于密歇根州底特律或英国伯明翰的首批汽车城的衰落。

大规模生产的福特模式的问世推动产生了一个富裕起来的工人阶级，他们能够真正买得起自己生产的产品。在工作条件方面，围绕生产线的争论持续不断，汽车生产成为劳资关系中一个备受争议的领域。一名当代评论家在参观了福特的新工厂系统后写道："发动机和机械装置的声音如此嘈杂，听上去就像 100 万只猪死去的哀号……又或是 100 万个罪人堕入地狱时的集体呻吟。"[28]

福特制造和世界

1912 年，乔瓦尼·阿涅利（Giovanni Agnelli）结束了在美国的访问回到都灵。这位皮埃蒙特的前骑兵军官，如今担任菲亚特（意大利都灵汽车制造厂：Fabbrica Italiana Automobili Torino，FIAT）的董事长一职。他颇有远见，专门前往美国参观福特的高地公园工厂，并宣称："我倒要亲自看看这个正对我们构成威胁的工厂是什么样的。"[29]

　　在底特律，他在福特的高地公园工厂内见识到了非同寻常的纵向一体化生产模式。钢铁变成了零件，零件又组合成汽车，最重要的是，每辆汽车的制造成本几乎只是菲亚特的一半。阿涅利立即着手计划在意大利也建立一个相似的生产体系。

　　菲亚特并不是唯一一家前往底特律进行考察并采用福特模式的汽车制造商。年复一年，世界上的许多汽车制造商都慕名前往底特律，惊叹于福特一体化体系的完美以及那似乎永不停歇的零件和汽车生产，并学习福特公司这一合理且高度发达体系的原理。

　　从某种意义来说，除非是想亲眼见证福特生产线这一令人大开眼界的工业技术，否则他们根本没有必要来工厂。因为亨利·福特是一名工业技术传播者，热衷于传播其理念和技术。例如，大概从 1910 年开始，他就邀请了工程师兼作家贺拉斯·卢西安·阿诺德研究福特的生产方法，并撰写了一系列文章发表在《工程学杂志》（Engineering Magazine）上，这本杂志的出版总部位于纽约，主要关注工业发展。之后，这些文章被结集成册，最终呈现为在 1919 年出版的技术著作《福特方法和福特商店》（Ford Methods and the Ford Shops），该书详细地阐述了福特的装配技术，介绍了移动装配线的工作原理，说明了集成生产的精湛技艺，以及精度和尺寸测量的重要性。[30]

　　此外，另外一些印刷品，如年度手册《福特的工厂事实》[059]（Factory Facts from Ford），以及《福特时代》（Ford Times）简报也刊登了介绍装配方法的文章。当然，福特公司的技术创新和巨大规模得到了大众媒体的广泛报道，公司也成立了自己的影视部来宣传自己所取得的成就。该影视部制作并公开发行了许多大众感兴趣的主题纪录片，但其中相当比例是关于福特的体系和新闻的纪录片。这个部门曾一度是美国最大的电影部门。

得益于美国之行的发现，阿涅利回到意大利后就开始改造菲亚特，他计划建立一座规模巨大的林格托（Lingotto）工厂，这座卓越非凡的新工厂位于都灵，是对福特的技术及其高地公园工厂最直接的致敬。在委托工程师兼建筑师贾科莫·马蒂－特鲁科（Giacomo Mattè-Trucco）设计工厂时，阿涅利告诉他：“别指望获邀参加（建筑）双年展（Biennale）①，也不需要任何艺术审美上的考虑，这就是工业领域的工作方式。”31

第一次世界大战爆发时，协约国军队对菲亚特卡车的需求量很大，这给新工厂的建造提供了资金。在当时还属于都灵郊区的林格托，一座高达 5 层楼、占地几个街区的大型工厂得以建成，该工厂使用了像柱子、天花板梁和巨大的玻璃窗这样大量的重复元素，并严格遵循为底特律工厂做设计的福特建筑师阿尔伯特·卡恩（Albert Kahn）所采用的“钢筋混凝土日光”方案。不过，林格托工厂有着自身富有诗意和创造性的特征，它的两端有两个造型优美的螺旋坡道，用于在楼层之间运输汽车和零件，坡道由细长呈辐射状的扇形梁支撑，在大楼屋顶上还有一个独特的椭圆形的测试跑道。

与人们所流传的说法相反，这条跑道并不是用来飙车或比赛的，只有疯子才会冒险一股脑往前冲，然后驶出椭圆形跑道从 5 层楼的高空一跃而下。这个跑道有专门用途，即在装运前对组装完成的汽车进行刹车、转向以及检查所有齿轮啮合等测试。但是，除了在宣传照中常常看到它的身影外，很难说这条跑道到底有多大的实际用途。

很多意大利人对林格托工厂印象深刻，认为它证明了国家日益增长的工业实力，并对此感到十分自豪。然而，一些批评家意识到福特主义与工业工人和宝贵的意大利北部传统技艺是相左的，尤其是手

① 即威尼斯双年展，在奇数年为艺术双年展，在偶数年则为建筑双年展，主要展览的是当代艺术和建筑艺术。——译者注

都灵的林格托工厂——美国之外向福特主义致敬的最大的纪念馆。这个建筑仍然具有某些绝妙的意大利风格：内部坡道上引人注目的扇形拱顶和著名的屋顶测试跑道。

工技艺和精湛的金属工艺。对于这些批评家来说，尽管林格托工厂有助于表明福特主义可以被推广到世界各地，但它只是"一座美国之岛"。[32]

　　阿涅利预言建筑业界会否定这座建筑，但出乎他所料，著名建筑师勒·柯布西耶（Le Corbusier）曾多次参观并认为它是"工业上最令人惊叹的建筑奇观之一……这是一个佛罗伦萨式的作品，精确、流畅、明亮"。[33]事实上，勒·柯布西耶在 1947 年设计马赛公寓（L'Unité d'Habitation in Marseilles）时就从该建筑中汲取了灵感，使用了重复的模型，那条测试跑道也启发了勒·柯布西耶，他在马赛公寓这个"立体城市"的屋顶上设计跑道和游泳池。这样看来，至少对于某些设计师而言，正是福特而不是建筑理论把家变成了"居住的机器"。

061　　得益于林格托工厂的修建，在 20 世纪二三十年代，菲亚特一跃成为主要的低成本欧洲制造商，在意大利工业中扮演着关键角色。第二次世界大战后，在主设计师但丁·贾科萨（Dante Giacosa）的带领下，菲亚特以设计巧妙、性价比高的汽车重振了这一地位。菲亚特500（Fiat Cinquecento）微型车体现了这一设计理念，这款车型或许是战后欧洲自身的"T 型车"，并且就"组装效率"而言，它仍然是汽车行业最为杰出的成就之一。此外，菲亚特还证明了福特主义并不局限在底特律，它能够被推广到世界各地。

　　然而，高地公园工厂和林格托工厂都展现出多层大型工厂的局限性。最终，这两种工厂结构经证明都不是制造汽车的最佳方式，因为人们很快发现，这些现代主义的混凝土建筑相对而言不具备灵活性，并且不利于改进机床、应用新的生产技术或调整制造中的汽车模型。

　　令人唏嘘的是，下一代的汽车工厂并不旨在成为永恒的工业建筑，往往由建筑风格单一的单层厂房组成，厂房呈线性分布在开阔的

勒·柯布西耶设计的马赛公寓——大规模生产的美学理念被移植到民居建筑中。

乡村，以适应新的工序和车型生产等。福特则通过建立自己的下一家工厂——非凡的胭脂河（River Rouge）工厂，树立了这方面的典范。胭脂河工厂长 2.5 千米，由大约 90 座建筑物组成。工厂内的生产包括了从铁矿石到钢铁，然后到汽车零件，最终到福特的新车型——组装完整的 A 型车成品。它是"一座工业城市……和一个工业奇迹，是世界上机器和劳动力最为集中的地方"。[34]

同样，20 世纪 30 年代，菲亚特计划在都灵郊区一个未经开发的新地点修建米拉菲奥（Mirafiori）工厂。工厂仍然是一栋 5 层楼高的气派建筑，但是里面只有办公室。实际的汽车生产工作在其后面具有单坡屋顶的单层长形建筑中进行，因为生产计划员发现这种结构和装配线是最佳搭配。这种新型的实用建筑便于纵向或横向扩展，厂房上呈锯齿状的屋顶轮廓也成为全世界汽车工厂的一大典型特征。

总体而言，建筑风格的改变暗示了福特主义和大规模生产之间的深刻矛盾。效率提升的一大关键在于使用具有单一用途的机器，如果零件保持不变，那么除了进行维护和在数千次的重复工作中保持精度，每台机器都不需要进行调整或更换工具。在当时，另一个关键优势是这种机器确保了操作员承担分工最为精细的工业任务。

在汽车型号不变时，这种固定性带来了巨大的成本优势，亨利·福特似乎也认为他创造的 T 型车是一款几乎能永存的产品。当然，在汽车发展初期，T 型车的品质和实用性让它在相当一段时期内独占鳌头，但随着时间的推移，新的道路开始修建，其他制造商生产出了速度更快的先进车型，T 型车逐渐被市场抛弃。1927 年，为了将生产转向 T 型车的替代者——福特 A 型车，福特公司经历了一次巨变，生产线关闭了 6 个月，机器被拖走并批量更换，如果不是致力于专业化的制造商，肯定无须耗费这笔金钱和人力来进行革新。[35] 当然，这些费用并不是由福特公司独自承担的，据说大约有 6 万名福特工人在这一转型时期被解雇。然而福特的管理方式在 20 世纪已不是最好的选择。1949 年，《生活》（*Life*）杂志刊登了"一则福特汽车公司的广告"，写道，"福特试图轻巧地解决一个主要问题——以大规模裁员实现了车型更新"，广告还吹嘘，"我们能为福特员工提供更稳定的规划和更多保障……为全国的经济健康运行做出贡献。这就是福特方式"。[36]

　　但是，尽管通用汽车公司在引入新方法和新车型方面体现的灵活性是迫使福特转向生产 A 型车的影响因素，但亨利·福特依旧不认同"重复消费"这个 20 世纪产生的新消费习惯，坚定不移地支持标准产品和长期不变的流水线生产。[37] 他希望这一崭新的福特 A 型车能够证

第二次世界大战后修建的菲亚特米拉菲奥工厂。现代汽车工厂快速修建的单一的单层厂房揭示了生产线设计的标准化和灵活性之间的矛盾。

明这样一个事实："功能强大，制造精良，无须重复购买。"[38]

大规模生产的核心难题是：固定的专用工具与更高的自由度和灵活性之间的矛盾。其他制造商一直在设法解决这个问题，几乎可以肯定的是，"一条汽车生产线"能够制造更加便宜的产品，但这种不具备灵活性的工具所需的巨大成本也带来了风险。如果这款汽车不受市场欢迎，公司就会遭遇生存困境。

064

日本和灵活性

20 世纪 50 年代，在众多前往福特工厂参观的实业家中，丰田英二备受关注，他是一家颇具创新精神的日本纺织机械公司——丰田织机制作所的创始人丰田佐吉的侄子，该公司的业务当时已拓展到了汽车制造领域。丰田英二在底特律亲眼看见了大量的物料流动和卓越的组织系统，他谦恭地离开了美国，相信丰田即使不能超越福特工厂，至少也能做到同样优秀。他的同事——工程师大野耐一也在底特律看到了非凡的一体化生产过程，但他认为这种模式存在一些问题，比如物料浪费、时效延误、欠缺灵活性和组织结构僵化。

尽管美国制造体系已经经过了几十年锲而不舍的改进，但丰田人并不认为美国已经达到了效率最大化。大多数观察家看到的是美国实力和令人艳羡的强大生产力，而丰田人看到的则是挥霍和浪费，并着手改革大规模生产方式。

丰田对日本制造体系在精神层面进行了诸多改进，如提出"浪费是被鄙视的"，因为公司永远无法收回由零件报废造成的损失，而且这对于国家和地球来说也是一种浪费。美国公司为了保证生产线的持续运行，维持着巨大的零件库存，这一点也让他们深恶痛绝。凭借着庞大的零件库存，美国公司吸纳自有资本，为生产和仓储提供资金。

　　大野耐一被认为是精益生产的主要创始人，他精辟地指出，一家公司的库存越大，要找到所需要的零件就越难。丰田没有采用美国保持大量零件库存的预防机制，转而开发一项技术，该技术后来变得十分有名，代表了日本对大规模生产的重新演绎。在采用贴纸来计划和追踪零件的库存和运输之后，这项技术被人们命名为"看板法"。

065

　　这意味着，只要生产线保持运行，供应商全天 24 小时都可以交付货物。零件库存数量精确到每天甚至具体的某一小时，这是一个很容易发生失误的协调性工作，需要在组织上和传统的福特体系一样精细，但是公司之间需要更多的信任和相互依赖。"以防万一生产"（Just in Case）变成了"准时生产"（Just in Time），这是"看板系统"在日本以外地区获得的称呼。

　　和胭脂河工厂几乎永不停歇的流水线这一"推动式"系统不同，看板系统通常被称为"拉动式"系统。大野耐一回忆说，他在美国获得的启示不仅来自汽车工厂，超市也给他留下了深刻的印象，他对超

大野耐一创造了丰田生产系统，被誉为精益生产的创始人之一。

市在顾客购买物品后及时补充货架这一行为产生了强烈兴趣。因此，大野的生产线更像是一家超市，工人取走自己所需要的东西以完成工作。这带来了更高的灵活性，减少了每次生产的批量，并且迅速标记出有缺陷的零件，避免制造出成千上万个这样的零件。随着时间的推移，它甚至使汽车具备一定程度的个性化特征，并形成了一条能够制造各种车型的生产线。

与福特执着于实施垂直整合形成鲜明对比的是，日本汽车公司将子部件的生产外包，这意味着新兴的日本汽车公司必须找到甚至需要培养值得信赖的供应商来制造这些零件。起初，西方的评论家将这视为没有实力的标志。对他们而言，日本的汽车品牌好像是短时间内大量涌现的公司，仅仅是依赖无数的零件制造商而生存的装配工。没有一个装满零件的大型车间，一家公司似乎很难被认为是合格的制造商。

但是，看板系统的吸引力逐渐显现出来：因为半成品的库存数量很少，日本公司在经济上保持着更高的灵活性，通过向众多供应商分配生产计划，还可以减轻销售失误所带来的影响。该系统也降低了汽车制造商对资金和贷款的需求，公司无须被可能导致灾难性后果的承诺所束缚，即无须保证持续雇用大量劳动力和向职工提供相当规模的养老金计划。

另一个显而易见的好处是，供应商而非汽车制造商，接管了生产调度工作，承担了所有的管理和监督费用。如果有人能够代为经营，寻求资本，并能够为汽车制造商在某个独特的焦点领域出色地完成任务，为什么要像福特一样自己拥有一个高炉或钢铁厂，甚至变速箱装配厂呢？在看板系统中，供应商是独立的企业，也是整个项目的风险承担者。从某些方面来说，革新后的汽车工业结构很像前现代时期伯明翰分散的枪支贸易或克勒肯维尔的钟表工坊和阁楼作坊。

　　回顾过去，很难理解福特公司为何设置如此多的生产部门。例如，这些政策让福特公司和通用汽车公司在合同上受到了大规模单一劳动力的束缚，这使得缩减生产规模成为一项备受争议且代价颇高的策略。

　　那么，丰田的生产线本身又是怎样的情况呢？在传统的美国和欧洲工厂，工人实际上已经变成了承担单一任务的"机器人"。到了20世纪下半叶，这个想法开始显得比较愚蠢，部分原因在于汽车工业首次将自动化应用于组装工具，并且开始使用真正的工业机器人。当然，这些早期的机器在观察力和辨别力上还比较逊色。对比之下，"在生产线上"工作的工人才能对产品质量做出巨大贡献，但前提是工作条件不会让他们陷入萎靡不振的状态。

　　在一定程度上，丰田彻底改变了首次应用于底特律的任务分工，几乎可以看作手工生产在某些方面的回归，但是丰田不会采用这类描述，更倾向于简单地称之为"丰田方式"。然而，该系统确实意味着生产线的工人需要运用自身的智慧和判断力，他们要思考、评估并参与其中，而不是只负责拧紧螺栓或放置零件。大野耐一的看板系统在某种程度上使得这些"人类机器人"能够再次进行多项工作，也变得更富有责任心。在某种程度上，丰田方式将部分自主权还给了工人们。

　　例如，在传统的汽车工厂，工头对每一项任务发出指示，生产线上的工人专注于标准化的操作，清洁工则在他们身后负责清理工作等。然而，在丰田，工头成为团队领导，和其他人一起工作，而团队需要负责修理自己的生产工具并打扫自己的工作区域。这一系统也给工厂的等级制度带来了深刻的变化。

　　大野耐一利用制作车身钣金零件的冲压工具，首创了一个新体系。冲床的体积有一台小型公共汽车那么大，有一对匹配的成型钢模具，将模具压到一起就可以将一块钢板制成不同的车身零件。在美国工厂，冲床操作员放入钢板，退后，然后拉动杠杆，冲床以数吨的力砸下，生产出引擎盖、挡泥板或行李箱盖等零部件。当需要改变车身面板类型的时候，冲床操作员离开，然后一组专业的工具安装员（拥有更高的地位和薪酬）上前更换模具。但是大野对此感到很疑惑：难道不应该是冲床操作员自己更换模具吗？这一想法在过去的底特律是068行不通的，因为工种划分已经根深蒂固，但是在名古屋，新的团队证明他们能够轻而易举地击败旧体系，能在几个小时内完成工具的更换，而这在老式的汽车工厂有时需要花上好几天。

第一批日本出口的汽车常常因其样式简陋、技术含量低而备受诟病。在 20 世纪 60 年代，美国轿车十分舒适，宝马（BMW）或阿尔法·罗密欧（Alfa Romeo）拥有车主喜爱的经过拉丝处理的方向盘，所以没有多少顾客愿意购买丰田科罗娜（Toyota Corona）或日产蓝鸟（Nissan Bluebird）。但是，消费者逐渐发现这些产自日本的汽车十分值得信赖，因为日本新型生产体系的另一大原则就是对质量有极高要求，总是将质量放在第一位。

人们对这个画面十分熟悉：汽车、工人和工具十分流畅地沿着生产线前进，每一个阶段都在之前的基础上有所完善。然而，在丰田（及其日本竞争对手）提出新的生产理念之前，制造业很少见到这样完美的工业生产环境。

除非从某扇敞开的门中瞥见，很少有老式汽车工厂的工业参观者能看到这样一幕：一排不完整或尚有缺陷的汽车都静静地陈列在一个大厅里面，等待着"返工"或其他特殊处理，但每个工厂都会生产出这样的汽车。生产线上的工人也许发现了汽车某处存在缺陷，或某个螺钉没有保持对齐，但汽车在传送带上仍然继续传送着，若无法在任务规定的那几秒时间内及时修正，工人只能用贴纸对其进行标记，表示该汽车需要被撤下传送带以进行整修（单独处理）。于是，有瑕疵的汽车就像愧疚的犯错者一样下线等待处理，工人也可以采取其他方法进行整修，但前提是生产线不能停止运行。

这是大野耐一和丰田团队难以接受的事情，因为整修就意味着失败。一方面，这表示在生产链的某个环节质量出了问题；另一方面，这意味着浪费，这可是天大的罪过呀！无论浪费的是材料还是时间，损失都已经无法挽回。在美国（"世界"）的大规模生产体系中，质检是一个由人来进行的工作，即指定的检验员，并不是生产线上工人的岗位职责，丰田公司则将质检融入了每个工人的工作环节。

为了强调这一点，大野耐一提出了一个全新的想法：让工人能够真正地控制生产线流程。他认为，任何工人如果发现问题，如正在生产的一批零件无法准确匹配产品或可能导致有损质量的其他任何问题，他们都有权让生产线停止。与其生产更多的瑕疵产品，不如立即解决这个问题。关于这个想法，人们对其可实施性和真实性表示怀疑，因为人们并不知道装配工人按下警报按钮以及在警笛鸣响、警灯闪烁下让生产线停止转动的频次。但在 1900 年，来自麻省理工学院的一个团队发表了一个报告，题为《耗资 500 万美元、历时 5 年的未来汽车研究》（"5-million-dollar 5-year Study on The Future of The Automobile"），该报告宣称一个以质量闻名的德国豪华汽车品牌（未公布其具体名称）在返工和整修上的花费高于丰田为确保首次就产出完美无误的汽车所采用的整个流程的花费。[39]

事实上，丰田颠覆了人们熟知的将质量和成本联系起来的等式。在西方，质量是一种额外价值，消费者愿意为了高质量产品付出更高的成本。但在丰田，质量瑕疵被视为一种需要公司增加成本的惩罚，因为这会导致公司需要支付额外费用来进行整改。

这些新的生产方式被称为"精益生产"，如今，精益学院和精益大师已遍布世界各地。然而，在这以前，美国（或英国）的汽车工业总是缺乏警觉性、侵略性和对抗性，也不具备严密的专业化流程。早在 20 世纪，《工程学杂志》就对福特和其他生产创新者不吝溢美之词，认为他们推动了"先进的高效率生产"。在流水线生产技术逐渐成熟的演变过程中，亨利·福特及其工程师似乎也确实体现了很高的效率，曾做到了精益生产。

或许随着时间流逝，每个体系都会逐渐僵化。不可否认的是，部门成倍增加，管理结构不断扩大，曾经实用有利的组织架构变得愈加复杂并永久存续。因此，或许必须经过其他国家和文化的"过滤"，福特主义才能作为一种新的成功模式东山再起，即使在其诞生的这片土地上也不例外。

另一种可能性是，大野耐一的伟大愿景只能在具有高度社会凝聚力和多数人拥有共同目标的文化中才能扎根。尤其是在第二次世界大 070 战后的日本，当时整个日本都期冀着国家复苏和经济繁荣。

丰田和早期的福特一样，并未对其技术创新守口如瓶。事实上，它自豪地向全世界展示了这些技术。例如，在 1979 年的一次会议上，当被问及为什么日本专家们要向全世界分享这些秘密时，据说生产工程师佐佐木直人教授回答道："反正你们也不会应用这些技术，即使你们会，也要花上 10 年时间才能赶上我们现在的水平，但在这段时间里，我们还将继续进步，保持领先地位。"但是，后来的事实证明他的判断出现了失误。在社会动乱造成"第一批工业国家"的众多老式汽车工厂倒闭之后，在日本进口汽车的冲击下，举步维艰的西方汽车公司开始学习新的日本体系。起初，这些改变似乎只是用来装装门面，甚至带有社会批判的性质。

很早之前，劳资双方就已开始对立，欧洲和美国经营者从日本引进的劝诫性的口号、质量控制圈、共享食堂、统一制服以及其他方面的创新似乎只是另一种资本家用同样的工资来获取更多劳动成果的方式。当时，日本的生产理念很难被植入西方既定的工业和社会结构，英国利兰（British Leyland）①逐渐崩溃，位于伯明翰的长桥工厂（Longbridge plant）已不复存在，底特律则变成了鬼城。

　　显而易见的是，如果汽车生产要在其发源地国家继续发展，就必须采用新技术和新的管理方式，甚至需要建立关于汽车工厂的新社会学。渐渐地，日本理念开始在世界各地，尤其是那些远离老旧汽车中心的全新工厂中深入人心。在英国，日产（Nissan）选择了桑德兰，本田（Honda）入驻斯温顿，丰田则选择了德比郡和位于北威尔士迪赛德的一所发动机厂。所有这些地区都具有深厚的工程底蕴和工业传统，但是从未涉足整车生产。

　　在美国，丰田在肯塔基州乔治城的开阔乡村建立了新工厂。如今，在这个远离之前所有汽车产地的宝地，工厂已经以全新的生产模式制造了 1000 万辆质量完全符合日本标准的丰田汽车。

071　精益世界

　　在现代社会，装配原则的应用范围已经远远超越了汽车领域。在商业界，优衣库（Uniqlo）、盖璞（Gap）和普利马克（Primark）等服装品牌对引入服装业的福特主义严重依赖。英国三明治协会（British Sandwich Association）的数据显示，英国每年要消费掉 35 亿个从商店购买的三明治，交易价值达 78.5 亿英镑。所有这些产品都需要依赖纯粹的流水线生产，否则就无法达到如此巨大的产量。同样，笔记本电脑及其内部的硬盘、智能手机，以及几乎所有电子家用

---

　①　一家成立于 1968 年的英国汽车公司，现已不存在。——译者注

和商业产品都是在组织严密的生产线上生产出来的。

福特的流水线工厂是杰出的创新成果，是工业史上一次非同寻常的跨越。但不可否认，它仍然存在改进空间，于是丰田对此进行了令人赞叹的深刻改进。但是，福特的生产线和丰田的精益生产原则是否顺利地传播并渗入其他文化当中呢？

富士康（Foxconn），又名鸿海精密工业（Hon Hai Precision），是一家在中国大陆拥有大型工厂的中国台湾公司。富士康曾被称为"闻所未闻的巨无霸公司"，公司根据合同订单生产电子产品，声称其电子产品的全球市场份额超过50%。2010年，数名富士康员工跳楼自杀，该公司因回应其打算在大楼周围安装自杀防护网而引起诸多争议。

两年后，部分中国武汉工厂的富士康员工因劳资纠纷声言要集体自杀，对公司进行威胁。分析人员认为，就赋权和提供更令人满意的就业机会而言，"新的"或精益（甚至还有"后精益"）大规模生产方式所做出的承诺还没有得到证实。批评者认为，精益生产不仅减少了库存和等待的时间，还进一步利用福特主义推定每个工人一天的工作，通过"微任务"来减少其休息时间，从工人的每一分钟里都能压榨出他们空闲的几秒钟。[40]《每日电讯报》（*The Daily Telegraph*）曾报道："工人们在资本的压迫下，一连几个月都重复着完全相同的手部动作……甚至当他们走在路上时，也会不由自主地模仿这一动作。"[41]或许在某种程度上，这些受到严格管制的工人所遭遇的困境让人回想起了欧洲早期劳资对立的紧张局面，当时欧洲还处于新兴工业时代，较为自由的织工和工匠被迫走出家庭或非正规工坊，走进蒸汽机时代下运行的系统化工厂。

富士康和苹果（Apple）两大巨头的联合使全球新闻媒体一直保持对此类事件的密切关注。[富士康因生产知名的宏碁（Acer）和戴尔（Dell）电脑闻名于世。〕然而，我们很难基于统计数据来客观评价富士康员工的自杀率是否合理，因为这需要同中国的整体自杀率进行比较（这本身也还存在争议），并与其他正在经历剧烈社会和经济变革的产业和经济体进行对比。一位评论员表示，在相似的年龄群体中，美国大学生群体中的自杀率其实更高。但是这些媒体报道反映了富裕国家对新近形成、变化迅速的全球化布局的极度不安：在新的全球化布局下，众多的消费品生产都在向这些国家以外地区的制造业转移，与此同时，这些国家是否也同步输出了政治监督和道德责任呢？然而，最近，富士康公布了一项计划，将投资约 30 亿美元在威斯康星州南部建造一座新工厂和一个显示屏生产工厂，将为该地区带来巨大的经济增长。如果这项计划得到落实，将会有另一种方式来评估中国对后福特时代生产线运营方式的新演绎。不过，最近又有报道声称该计划似乎已经搁浅，富士康曾许诺的 1.3 万个工作岗位也许最终无法兑现。[42]

　　精益生产已经成为一项具有吸引力的大规模运动，精益研究所和相关学术课程层出不穷。但是对大部分经济体和产品而言，"精益"仅仅意味着"严苛"。随着全球化生产日益普及、集装箱船运费越发便宜，工业生产的竞争优势有时似乎归结于国家的权力系统和工人拥有多大程度的自主权和政治表达权利。至于生产线工人是否适应这一模式，可能既取决于工人生活的地区，也取决于每个生产系统的细微不同之处。

　　在英国的克鲁、牛津或美国肯塔基州，工人们制造宾利（Bentley）、宝马迷你酷派（Mini）和丰田汽车，现代化的精益生产似乎带来了一种令大多数工人愉悦的生活方式。在这些现代工厂，通常都会设计一个种植着蕨类植物或棕榈树、放着杂志和书籍、提供咖啡等饮品的休息区。在意大利马拉内洛，法拉利（Ferrari）公司的员

073

这是如今的法拉利生产线。法拉利生产线自然有其独特之处，但现在即使是低端汽车产品也是在一尘不染的工业环境中生产的，这与最初的流水线大不相同。

工无比自豪地在一尘不染的环境中使用顶级设备进行工作，法拉利工业园区的大楼是由一群最为知名的意大利建筑师设计的，正如意大利当代著名建筑师伦佐·皮亚诺（Renzo Piano）设计了第一个为测试全尺寸汽车而建造的风洞（wind tunnel）。

　　然而，这些都是优质顶级的汽车品牌。在其他一些生产国和地区，由于利润微薄、社会基础薄弱，或许精益就只能意味着严苛管理和节约成本。

"零件即工人"

　　生产线最终实现了早在 18 世纪启蒙运动时期萌芽的系统化制造。有趣的是，福特及他的方法后来给希特勒（Hitler）和列宁留下了深刻的印象。福特本人甚至声称自己通过降低生产成本，创造了一个更为富裕且能够买得起自己制造的产品的工业阶级，改写了经济学定律。他充满自豪地说，福特繁荣的秘诀在于高薪资、低价格和大规模生产。

074 　　历史学家西蒙·谢弗曾提出一个颇有说服力的观点：启蒙思想的一个人们知之甚少的目标是"将工人变成机器"，试图从对工艺讳莫如深的工匠处获得他们所掌握的知识，并使其工作场所置于"哲学家"的指导之下。[43] 18 世纪苏格兰启蒙运动的历史学家和哲学家亚当·弗格森（Adam Ferguson）在其著作中明确地阐述了这一点，他认为："许多机械技艺确实并不需要能力；它们通过完全压制情感和理性获得了最大程度的成功……因此，在制造业最繁荣的地方，思考的必要性微不足道，工坊也许……仅被视作一台发动机，而工人就是机器里的零件。"[44]

　　这或许正是对 20 世纪 20 年代福特高地公园工厂最佳诠释。

3

石油教父

　　如何才能使 1913 年、1914 年直至第一次世界大战爆发前和谐的社会氛围回归？当时的欧洲展现出一副前所未有的繁荣欢快的场景，全世界，尤其是英国，史无前例地向社会各个阶层敞开怀抱。[1] 英国著名作家奥斯伯特·西特维尔（Osbert Sitwell）在其颇具异国情调的自传《美好的早晨》（*Great Morning*）中描绘了这一美好年代下的伦敦社会。然而，在这个美好和谐社会之外的世界里，技术竞争日趋激烈，外交谋略愈加复杂，一场新的技术军备竞赛正如火如荼地进行。

　　部署在英国海岸之外的英国皇家海军（Royal Navy）是有史以来最伟大的国家海上武装力量，在大部分时间里，它也是世界上规模最大的一体化工业和技术企业。但是，尽管皇家海军所保障的不列颠治世（Pax Britannica）①在爱德华时代似乎能永远延续下去，但德国人，尤其是德皇威廉二世（Kaiser Wilhelm Ⅱ）希望能拥有一支新的庞大舰队，这一想法因其威慑性极大而不受欢迎。

　　对英国政治界和外交家来说，德国建造战列舰的计划似乎是一

---

①　指欧洲在 19 世纪至 20 世纪初英国全球性霸权主导下长达一个世纪的和平时期。——译者注

种带有威胁性、破坏稳定的新边缘政策，也由此标志了一场危险军备竞赛的开始，这一计划从现实上使德国极可能成为新的威慑力量，加剧欧洲的不稳定局面。在英国，几乎无人能理解德国的失落感和怨恨感，或者也可以称为不安全感。尽管德国声明它需要新舰队来保护自己的殖民地、促进贸易以及不断拓展全球利益，但海军分析家认为德国新舰船的特点和短射程看起来十分适合在北海（North Sea）航行，而在那里，德国唯一的对手就是皇家海军。

一个从未拥有过海军的新政权为什么如此渴望建立一支强大的舰队？事实上，无论就数量还是就实力而言，这支舰队永远都无法与皇家海军相提并论，英国政治家也明确表示，英国人民对于建立一支强大的皇家海军并为之提供资金支持的意愿坚定不移。虽然英国建造的无畏舰（Dreadnought）远远胜过了诸多潜在的对手，但德国海军在威慑力和防御力上对英国来说终究是一大隐患。1912 年，温斯顿·丘吉尔（Winston Churchill）在格拉斯哥的一次政治演讲中明确指出，皇家海军是一支"豪华舰队"。他慷慨陈词：

> 英国海军本质上是为了防御。我们没有侵略……的想法……英国海军对我们而言不可或缺……但德国海军对他们来说更像是一件奢侈品……为了国家的安全，无论需要什么（在造船方面），政府都会立即做出要求。[2]

这次演讲让仍在继续建设舰队的德国大为愤怒。在很大意义上，德国舰队是威廉二世的得意之作，丘吉尔在后来的一次评价中将他描述为"一个极其平庸、虚荣但总体而言心怀善意的人，他希望成为第二个腓特烈大帝（Frederick the Great），但他却没有长期和谨慎的治国之道，缺乏谋略，也不具备深刻的洞察力"[3]。

随之而来的海军军备竞赛使得大型火炮（迄今为止英国最大的火炮），大型舰船和速度更快、动力更强的发动机应运而生，石油燃料也开始代替煤炭，这就不可避免地导致了新的地缘政治风险——英国开始深度参与近东和中东事务，以确保持续供应海军所需的燃料。例如，受石油需求驱动，随着第一次世界大战后阿拉伯国家的建立，英国在如何界定这些国家及其政府事务的战略方面一直扮演着重要角色，在英国短暂管理巴勒斯坦期间（1920~1948），英国政府的态度模棱两可，未能处理好犹太人和阿拉伯人的矛盾，反而加剧了双方的冲突。在第二次世界大战后，英国在以色列的所作所为也证明了其模棱两可的立场。

费舍尔，"德莫尼克"式的天才

自 19 世纪的特拉法尔加海战（Battle of Trafalgar）以来，英国海军一直是常胜之师。德国海军这一新出现的威胁起到了一个作用，就是激励英国海军以惊人的速度进行改革。改革的主要推动者是杰出的海军元帅杰基·费舍尔（Jacky Fisher），此人创造才能非凡，但十分狡诈和固执，他淘汰了废旧的舰船，解雇了年老的军官，并试图对发动机、火炮和装甲进行技术上的改革和创新。

费舍尔在推动改革的过程中极其严苛。作为天才式的人物，有人说他就像"德莫尼克"[①]，近乎执迷地致力于实现自己的目标。通过他1929 年撰写的自传体回忆录，我们可以对这位元帅及其使命有更深入的了解。

---

① "德莫尼克"指天才式的人物，他们的天才像是天使的礼物，又像恶魔的玩笑，常疯癫失常或早夭。——译者注

丘吉尔和费舍尔勋爵离开帝国防卫委员会（Committee of Imperial Defence）的一次会议，1913 年。

温斯顿·丘吉尔在德文波特（Devonport）参加战列舰百夫长号（HMS Centurion）的下水仪式，左边是费舍尔勋爵，1911 年。

因此，今天，我要开始写作此书，这不是一本自传，而是一部与帽贝、寄生虫、水蛭和水母进行终生斗争的回忆集……有时它们要蜇人，但那只会让我变得更加坚韧、果断和严格。[4]

……从 1904 年到 1910 年，我消灭了船上、军官和海员身上的 1950 万只寄生虫，他们就像胆小怕事的老年妇女一样……居然对此感到忐忑；当我果断决定在无畏舰上引入涡轮机时（涡轮机之前只应用在廉价的蒸汽船上），他们仍然感到忐忑；在我引入水管式锅炉，把火源和水源的位置互换的时候，他们还是感到忐忑；……当我把英国舰队 88% 的兵力集中在北海时，他们和以往任何时候一样，依然感到忐忑。[5]

费舍尔的改革计划（或者在某种程度上是费舍尔本人）遭到了一些军官的强烈抵制，其中最强烈的反对者就是后来的海峡舰队上将查尔斯·贝雷斯福德爵士（Sir Charles Beresford）。在一段时间内，英国海军内部几乎相当于发生了一场内战（费舍尔的支持者称之为"哗变"），而无能的内阁任由这场争斗愈演愈烈。海军内部分为两派，一派拥护贝雷斯福德，一派拥护费舍尔。例如，支持费舍尔的人被戏谑为身处"鱼池"，其中包括改革了火炮瞄准和测距方法的炮击专家珀西·斯科特（Percy Scott），当时的海军在射击时相当随意，满足于不真实的射击测试，因此他也强调射击练习的重要性。斯科特实施了一系列的改进措施，是系统化射击练习的坚定拥护者。然而，他最伟大的创新在于引入了"指挥射击"方式，将炮塔中炮兵瞄准火炮的工作职责转移给了射击指挥官，在火炮和军舰锅炉的重重烟雾之上，配有望远测距装置的指挥官站在桅杆上高耸的观察哨所内进行指挥。

至关重要的是，射击指挥站也配备"火控指挥仪"，这一复杂的机械设备是计算机的原型，由海军军官弗雷德里克·查尔斯·德雷尔

081

左：身着礼仪服饰的海军上将珀西·斯科特爵士。《我在皇家海军五十年》（*Fifty Years in the Royal Navy*）（1919）的卷首图。

右：1917 年的杰基·费舍尔。他长相英俊，气度非凡，精神矍铄，气势逼人，魅力十足，简·莫里斯（Jan Morris）为此专门撰写了一篇题为《费舍尔的脸》的短文。

（Frederic Charles Dreyer）设计。[6] 今天看来，这个机器就像某种蒸汽朋克 ① 的幻想，但它通过输入舰船速度、罗盘航向、风速、目标射程以及目标航向和速度的估值，计算可应用于所有火炮的射击方案，射击指挥官则只需关注火炮齐射情况并进行手动修正。

　　和费舍尔一样，斯科特通常采用极为粗暴和直接的方式表达自己的想法。1907 年，在训练演习中，他的指挥官——海军上将查尔斯·贝雷斯福德爵士命令他返回母港，为德国皇帝的国事访问做准备。斯科特公然向其分舰队发出信号，"给战舰涂上新油漆似乎比射击更加急迫，你们最好赶紧梳妆打扮，才能在 8 号前让自己更加光鲜靓丽一点"。这招来了军事法庭的审判，并且这一行为激怒了

---

① 　一种流行于 20 世纪 80 年代至 90 年代初的科幻题材，以维多利亚时代为背景，展现出一个蒸汽科技至上的时代，具有虚拟、怀旧等特点。——译者注

海军上将珀西·斯科特爵士的
指挥射击原理。出自《我在皇
家海军五十年》（1919）。

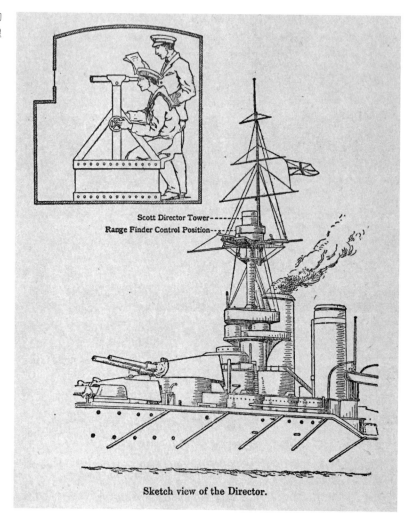

Scott Director Tower
Range Finder Control Position

Sketch view of the Director.

贝雷斯福德，他要求解除斯科特对第一巡洋分舰队（First Cruiser
Squadron）的指挥权，因为他"语气轻蔑、性格叛逆且不够庄重"。[7] 080
或许正是揶揄的力量拯救了他，在英国议会里，金卡丁郡的议员、上
尉亚瑟·穆雷（Arthur Murray）直接批评了贝雷斯福德，认为此次海
峡舰队的油漆事件体现了"女人般的敏感和嗔怨，令人作呕"，一首

卡莱巴短歌也在伦敦的士兵俱乐部和社交界流传开来：

> 噢，珀西·斯科特，继续演习全是废话，
> 军舰的油漆不够光亮实在让我担心。
> 你的枪炮威力十足，曾是英格兰荣誉的象征，
> 但现在时机正好，闪电般画个逼真的圣母玛利亚。
> 亲爱的珀西·斯科特，我并没有生气，
> 把你的船开到泊位去，给它们刷上油漆！

新海军

1906 年，新战列舰无畏号（HMS Dreadnought）下水，标志着英国在火炮射击、装甲和机械方面的变革。就火炮威力、速度和装甲板的数量而言，这艘舰船在世界上无可匹敌。

对这艘战舰不吝溢美之词的费舍尔对发明和现代产品抱有浓厚兴趣，但他有点夸大其词，这些创新并不完全是他个人智慧的产物。在 19 世纪后叶，某些公司一直在进行关于钢铁和装甲的试验，如威廉·阿姆斯特朗爵士（Sir William Armstrong）在泰恩赛德（Tyneside）创立的公司和位于埃森的克虏伯（Krupp）公司。那个时期的《工程师》（*The Engineer*）杂志刊登了用不同厚度和成分的装甲板进行对比试验的画面。这些测试使用大型舰炮对装甲板发射炮弹，一些装甲板表皮爆裂，留下凹痕，体现了强大的抵抗能力；一些装甲板表面出现了可怕的巨大隆起；一些则被彻底砸穿。尽管这些试验涉及的是理性的工程科学和前沿的冶金学，但仍然让人印象深刻，无法忘记，因为总有一天，装甲板的另一边会是士兵的血肉之躯。

　　随着火炮尺寸和强度不断增大，其所负载的炸药量、火炮射程以及投掷炮弹的重量也持续增加。不过，最大的变革也许是涡轮动力装置的改进。19 世纪末，蒸汽活塞发动机属于大型物件，高约 6 米，长度则更长。一艘战列舰至少配有两个蒸汽活塞发动机，总功率可达8000~10000 马力，蒸汽机由多个锅炉驱动，这些锅炉分布在战舰不同位置，在受到炮弹攻击时仍能保持部分动力。除了增加发动机数量或扩大发动机的尺寸，似乎没有其他更好的办法增加动力。然而，战列舰的内部尽量划分出了煤舱、船员居住区和弹药库，这已经是一个空间规划史上的奇迹，但如果不舍弃某些区域，就无法腾挪出更多的空间。

　　卓越的发明家查尔斯·帕森斯（Charles Parsons）对泰恩赛德十分了解，他是一名工程师（曾在威廉·阿姆斯特朗爵士的工厂接受高级学徒教育）、数学家（毕业于都柏林圣三一学院和剑桥大学圣约

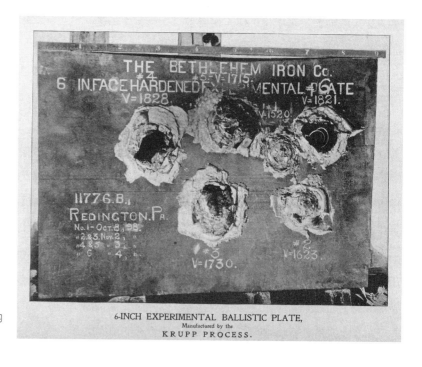

炮弹对复合装甲板造成的影响。

位于谢菲尔德的阿特拉斯（Atlas）工厂的滚轧装甲板。出自 1861 年 9 月 14 日的《伦敦新闻画报》（*Illustrated London News*）。

翰学院）和独立实业家，出身于贵族家庭，是家中的小儿子，这在当时的工程师中十分罕见。他的父亲就是赫赫有名的天文学家、第三代罗斯伯爵（Earl of Rosse）威廉·帕森斯（William Parsons），曾在爱尔兰的比尔城堡（Birr Castle）发明建造了大型望远镜并利用其为人类社会贡献了许多具有里程碑意义的成果，比如发现了 M51 涡状（螺旋）星系。

在尝试了工程领域的各种工作后，查尔斯对汽轮机研发产生了强烈兴趣，这在当时是一个新奇的机械物件。传统蒸汽活塞发动机尺寸庞大、结实耐用，但已处于强弩之末。由于这种蒸汽活塞发动机的结构近乎巴洛克风格，十分复杂，采用了大量的辅助泵、附属装置和各种附件来维持运行并提升效率，其唯一增加动力的方法就是扩大尺寸，但这已被认为是不可接受的。如果蒸汽活塞发动机能够以更快的速度旋转，或许能在动力上有所改进，但以常规最高速度测算，即每分钟平稳旋转 95 转，巨大的活塞在每个冲程都会产生反向逆转，其产生的力已经达到了发动机结构所能承受的极限。

　　相比之下，帕森斯汽轮机仅仅是一个旋转式机器。[8]唯一的运转部件就是主转子，即一系列圆盘，每一个圆盘都配有一圈叶片（小翼），蒸汽持续推动每一个叶片。这种汽轮机不会产生振动，能够以前所未有的速度旋转，由此产生充沛的动力，设计极为紧凑简约。帕森斯的发明很快改变了发电方式，接着他转向研究船舶推进装置，建造了 32 米长的汽艇"透平尼亚"号（Turbinia），该汽艇配备了他亲自设计的新发动机组，在泰恩河上的航行速度可超过 1 海里（1 海里=1852 米）。

　　1897 年 6 月，在庆祝维多利亚女王（Queen Victoria）登基 60 周年的典礼上，皇家海军在位于索伦特海峡的斯皮特黑德（Spithead）海峡举行了规模浩大的观舰仪式。55 艘战列舰和 170 艘海军舰艇呈两条平行线排列开来，长达 11 千米，"透平尼亚"号在两列集合队伍之间高速航行，仿佛一个不速之客。在后来进行的一次计时赛中，"透平尼亚"号的速度达到了 34.5 节（大约每小时 65 千米）。在典礼当天，它的航速未被精确记录，据推测大约在 30 节，比海军最快的舰船速度还要快出大约 10 节。一艘好事的海军巡逻艇试图越过它进行拦截和干预，却严重低估了它的速度。帕森斯公司的董事克里斯托弗·利兰德（Christopher Leyland）驾驶的"透平尼亚"号竭力控制速度，在巡逻艇身后设法转向，才侥幸避开了一次狭路相逢的撞击。据说，当时巡逻艇上的海军少校已经解开了身上沉重的典礼佩剑，准备跳水逃命。

　　利兰德回忆，在他们交会时，"他显然对我说了些什么，我也对他说了一些话，但在我们以几乎 45 节的航速前行时，并没有听清对方的话可能也是好事"。利兰德说，那天驾驶"透平尼亚"号的经历"简直太刺激了"。[9]

　　当时，很多人认为"透平尼亚"号的登场只是一场突兀和随意的

威廉·奥宾（William Orpen）
的布面油画《查尔斯·阿尔杰
农·帕森斯爵士》（*Sir Charles
Algernon Parsons*），于1905~
1910年绘制。

作秀，事实并非如此。前皇家海军军官利兰德拥有良好的社会关系，
曾经指挥过一艘炮艇，人们推测，或许在费舍尔的极力推动下，皇家
海军内一些追求技术进步的军官私下请求利兰德和帕森斯在那天的典
礼上展示一下汽轮机驱动汽艇的潜力，以说服海军部将这个技术应用
于下一代军舰。

　　斯皮特黑德海峡观舰仪式的目的之一在于打击德国的海军扩张主
义，德皇威廉二世的弟弟——普鲁士的亨利亲王（Prince Henry of
Prussia）代表他出席了此次仪式。象征着强劲实力（和巨大花费）的
威严的战列舰队能否阻止一场海军军备竞赛呢？后来的事实证明此举
显然没有成功，德国海军仍持续扩张，但是汽轮机的展示确实标志着
英国政策的一大转变。当无畏号战列舰在1906年下水时，舰上配备
的帕森斯汽轮机使其航速惊人。

在一次试运行中拍摄到的"透平尼亚"号，约 1897 年。它正以超过 30 节的航速行驶，船上的乘客不得不紧握护栏。

高速行驶中的"透平尼亚"号，摄于 1894 年。人们普遍认为驾驶舱里的是帕森斯的伙伴克里斯托弗·利兰德，而帕森斯喜欢在隐蔽之处观察发动机的控制装置。

086 温斯顿·丘吉尔和费舍尔的回归

1911 年，温斯顿·丘吉尔被任命为第一海军大臣（First Lord of the Admiralty），他总体研究了皇家海军的现代化进程以及费舍尔在第一次世界大战之前几年指挥皇家海军时起到的作用。丘吉尔表示，费舍尔"撼动了……皇家海军的每一个部门……反复'敲打'他们，说服他们走出停滞不前的状态，进入高强度的活动……在这种情况下，皇家海军并不是一个让人能舒适度日的地方"。他还若有所思地说，"难道不采用费舍尔的方法我们就不能进行改革吗？"

然而，丘吉尔很快就派人去请当时已年满 70 岁且已经退休的费舍尔，认为"他具有真才实干……他独创性的思维使他能从各种传统的束缚中解放天性"。他专门提到：

> 对于一个多年来身居要职且肩负大量核心机密事务的人来说，费舍尔勋爵的通信数量惊人，且信中的内容无所顾忌……思绪（他的信件）一离开他的头脑，就宛若炽热的焰，他的笔在专横傲慢的思想后面疾驰。他常常大胆地把别人不敢承认的想法写在纸上。难怪在他动荡的经历中，会有那么多敌人在他身后咆哮。令人费解的是，在几十次的航行中，他从未遭遇海难，也许正是他的天赋让他能够如此。事实上，他的信中长期充斥着大量不谨慎的激烈言辞，但在某种意义上，这也成了他自己的护身符。人们逐渐相信，这种随意风格是与我们的深海守护者相契合的风格。如今，这位已不再年轻的海军上将一如既往地在风雨中乘风破浪。[10]

丘吉尔最初是议会中的"吝啬鬼"，支持自由党政府推出的社会计划。但是，经过了欧洲事件，尤其是面对德国的大规模军备支出，丘吉尔开始将建造舰船和维持海军的霸权地位看作首要任务。1906年问世的无畏舰已经踏出了非比寻常的一步，但这仅仅是一出大戏的序幕，英国必须制造出速度更快、装备更齐全的新舰船。丘吉尔声称，1912年、1913年和1914年实施的三个舰船改造计划给皇家海军的实力带来了前所未有的提升，但也造成了庞大的军费开支。无论从什么角度来看，这都是一场"军备竞赛"，只是这个说法在当时还不太通用。但是，一个新的可能性在舰船设计的最终确定阶段出现了，那就是给下一代英国战列舰（当时已完成部分建造工作）装配15英寸的大炮，这是有史以来英国最大的大炮，能够投掷一枚近1吨重的炮弹。丘吉尔后来回忆说："在战争发生前，往往会出现一些结局如噩梦般的小说，在其中一本里，我读到过这样的描述：在一场大战中，英国舰队遭遇了失败，令他们震撼的是，德国的新战舰采用了史无前例的具有极强威慑力的15英寸大炮。"[11]

丘吉尔在某些时候几乎和费舍尔一样冲动急躁，他对15英寸口径大炮的前景兴奋不已，这种大炮投掷的炮弹重量几乎是德国舰队发射的最大炮弹的一半重：

　　　　扩大大炮的口径意味着扩大舰船尺寸，这意味着增加成本。此外，即使重新设计也绝不能导致延误，炮塔一旦准备好，大炮就应就绪。当时并不存在像现代化的15英寸大炮这样的东西……阿姆斯特朗家族在绝密情况下接受商议，同意执行这个制造新任务……我们十分了解13.5英寸大炮……但制造15英寸大炮可能会带来各种各样的新压力……如果我们先制造一个试验大炮并对其进行全面测试，然后再定制5艘舰船所需的所有大炮，就不会存在任何风险。但如果这样做，意味着需要耗费一整年的时间，那这 5 艘舰船就不得不装配着威力较低的武器驶向前线，而我们本来可以给它们配备更有威慑性的武器。[12]

如今，汽轮机已经展示了这样的可能性：将动力提升接近一倍并大幅提升航速（从 20 节提升到 25 节，甚至更大）。尽管功率更大的发动机需要更多蒸汽、更多锅炉和更大的火力，但新舰船必须配备新的大炮和动力更强的涡轮机，而只有石油燃料能够实现战列舰设计中的这一新飞跃。尽管英国依靠煤炭发展，而且煤炭作为能源确实在工业发展和创造帝国财富的过程中功不可没，但一艘以煤炭为燃料的军舰确实显得笨拙。丘吉尔观察到，在战列巡洋舰"狮号"（Lion）上，"近 100 个士兵夜以继日地工作……将煤从一个钢舱铲到另一个钢舱，士兵不曾见过白天或炉火的光"，而"当一艘以煤为燃料的船将燃料用尽时，若有必要，大量士兵必须舍弃枪炮，尽快将煤从偏远的煤舱铲到离火炉更近的煤舱里"。[13]

丘吉尔还回忆道，英国拥有世界上最优质的动力煤，它们"安全地储藏在我们的矿井里，掌握在我们自己手中"，尽管从英国煤炭到外国石油这一燃料转变"本身是一个艰难的决定"，但他支持现代化主义者，因为"与煤炭相比，石油能大幅且更快地提升舰船的航速。与同等重量的煤炭相比，石油能让舰船的作战半径增加 40%"。石油的储存更方便，它们能通过管泵直接输送到锅炉炉膛，在需要高动力时能更快地为火炉提供热能。

舰队和快速分队

在 1910 年，或许只有皇家海军（实际为英国政府）能够提供经费建造用于泵送、燃料补给和运输大量石油的基础设施。不过，制造和部署舰船和火炮的意愿带来了大量的资本资源和巨大的"初步"投资，而这种投资绝不会建立在理性的商业理念之上。

丘吉尔委派费舍尔与英格兰银行（Bank of England）行长和英波（Anglo-Persian）石油公司、缅甸（Burmah）石油公司的董事一起负责皇家石油供应委员会的工作。石油业高管和海军人员被派往波斯湾研究油田："从 1912 年到 1913 年，我们一直致力于这项研究。"

尽管这一切都源自高瞻远瞩的治国之道，但费舍尔将这一改革归功于自己，沾沾自喜地炫耀说："马库斯·塞缪尔爵士（Sir Marcus Samuel）（给《泰晤士报》）写信称赞我是'石油教父'，而石油将成为全世界都想要的燃料。"丘吉尔本人则对宏大的历史流变有更加清醒的认识，他以叙事方式描述了这些事件：

> 从最初想要扩大火炮口径开始，我们一步一步地朝着建立快速分队（Fast Division）的目标前进，为了实现这个目标，我们被迫依赖……石油燃料……这导致了巨大的支出，遭到了强烈的反对……但是，回头已不再可能。我们只能锲而不舍、开拓前行之路，最终，成功签署了"英波石油协定"。

在丘吉尔这样的政治家眼中，历史进程中的每个具体事件都是"环环相扣的"。[14]

奥德·温盖特和石油管道

作为一种易于运输、热量极高的燃料和化工原料，石油势必能在全球经济中占一席之地。美国和其他大国也在探索石油的巨大效用，同时不可避免地被卷入与中东有关的大规模战略计划中。

英国会变得越来越自动化，尽管随着第一次世界大战后奥斯曼帝国的毁灭，英国是否还能深度参与中东国家政体结构和地域划分的详细计划，还有待商榷。20 世纪 30 年代，英国对巴勒斯坦实行"委任统治"，支持犹太复国主义，大量犹太人要求回到他们的故乡巴勒斯坦并得到移民准许，这一事件导致当地阿拉伯人与犹太人的矛盾日益加剧。如果不是英国海军对石油的热切渴求，英国就不可能凭借英伊（Anglo-Iraq）石油管道来抵御当地阿拉伯组织的攻击。也许是出于偶然，当时在当地负责守卫该管道的军队指挥官奥德·温盖特（Orde Wingate）打算采取一个备受争议的举措，即武装和训练处于半隐秘状态的犹太战斗部队哈加纳（Haganah），以培养一支负责巡逻、作战和伏击袭击者的"夜间特别行动队"（Special Night Squads），这支部队将成为未来以色列军队的核心。

值得一提的是，武装和训练这一未来以色列的新兴防御力量并非为了开展一项宏大的英国帝国计划。温盖特的动机不太寻常，被认为是出于个人利益驱使，很多英国官员对此表示反对。例如，他的上级——驻巴勒斯坦和外约旦①的英国陆军总司令韦维尔将军（General Wavell）就明确地反对犹太复国主义，认为它将"使整个地区对英国产生敌对情绪……因为这一问题将让所有阿拉伯人团结一致"。1939年后，韦维尔还说道："每一次接受犹太人在战争中要求提供帮助的请求都会激发阿拉伯人的愤恨。"15

然而，温盖特还是成功地在暗中组建了这一特别行动队，部分原因在于他将这一手段视作实现他在当地的军事目标以及为其个人任务获得足够军事力量支持的唯一途径。此外，与韦维尔等其他英国官员

---

① 1921 年，英国以约旦河为边界，把巴勒斯坦分为东西两部分，东部称为外约旦，西部仍称巴勒斯坦。——译者注

在缅甸的奥德·温盖特，
1943 年。

　　的意见完全相反，温盖特有着促进和拥护犹太复国主义的个人使命，这一民族主义思潮源自普利茅斯兄弟会（Plymouth Brethren）里虔诚的基督教教育。由于温盖特接受的是对《圣经》字面含义的阐释，他对犹太复国主义深信不疑，愿意为犹太人回归巴勒斯坦提供大力支持。

　　温盖特十分与众不同〔丘吉尔的医生莫兰勋爵（Lord Moran）认为他"几乎神志不清"〕，据说他有时会赤身裸体地出现在例行的日常会议上，脖子上常年挂着一串生洋葱，便于他随时都能吃上这种能增强体质的食物。后来，他开始着手训练钦迪特部队，目的是让这支训练有素的精英部队能够在缅甸丛林中对日本军队进行精准的打击。

　　夜间特别行动队的成员把同温盖特共同度过的训练生涯看作创建以色列军队的一个重要组成部分。以色列军队在第二次世界大战结束时正式成立，如果没有这个军事经历，这个新政权不可能在 1947 年开始的第一次中东战争中幸存下来，和阿拉伯其他国家的这次战争可能是以色列当年在绝境中所面临的最关键的挑战。

091 温盖特的影响和指导深入人心。摩西·达扬（Moshe Dayan）应称得上以色列最具魅力的将军，他将温盖特视为领袖，"我们学到的一切都归功于他的传授"。[16] 哈加纳的关键人物伊加尔·雅丁（Yigael Yadin）曾这样谈及温盖特，"他最主要和最伟大的贡献在于教会了我们战争既是一门科学，也是一门艺术。他是军人的完美典范，是科学家和艺术家的优秀结合体"。[17] 如今，温盖特在以色列被尊称为"朋友"（The Friend，希伯来语为 Hayedid）。一些人认为他甚至曾梦想成为另一个基甸①，能带领犹太军队领导一个新的犹太国家走向独立。

日德兰半岛与封锁

英国在打造英国舰队上倾尽全国的创造力、人才和财富，但这一切是否值得呢？在海军军备竞赛的早期阶段，发生了各种中等规模的交战，英国对大部分战争结果感到满意，其中包括对黑尔戈兰湾（Heligoland Bight）的德国水域进行的突袭以及在多格尔沙洲（Dogger Bank）附近的一次交战。这些似乎都表明了英国的战列巡洋舰在性能上远远超过德国的战列巡洋舰。然而，德国海军采用多种方式全面发动攻击，轰炸了沿海城镇以引诱出英国舰队。一场舰队大战本来发生的概率似乎是很小的，但在 1916 年 5 月 30 日，英国海军部收到密报，一名激进的新指挥官、海军上将舍尔（Admiral Scheer）率领德国舰队即将离港出海。作为回应，由约翰·杰利科

---

① 《圣经·旧约》中记载的一个人物，他是以色列的士师，被上帝称作"大能的勇士"，将以色列人从米甸人手中解救出来。——译者注

爵士（Sir John Jellicoe）指挥的皇家海军大舰队（Grand Fleet）也将采取同样行动。

次日开始的日德兰海战早已在战争史上作为经典被反复描述。简单概括，这场海战可分为两部分：下午 3 时 50 分，双方的侦察部队在日德兰半岛以西约 130 千米处相遇，双方战列巡洋舰交战，随后就是主舰队之间的战斗。由英国海军上将贝蒂（Admiral Beatty）指挥的战列巡洋舰"狮号"在下午 3 时 50 分左右同弗朗兹·冯·希佩尔（Franz von Hipper）的公海舰队进行了首次交锋。然而，因为德国的舰炮总体来说精确度更高，拥有 6 艘战列巡洋舰的贝蒂在与希佩尔的 5 艘舰船的交锋中处于下风。[18] 此外，在交战开始时，尽管贝蒂的火炮口径更大、射程更远，但他却没有利用这个优势进行远距离发射。相反，他还缩短了射程，放弃了费舍尔、丘吉尔和珀西·斯科特在大型火炮技术上所取得的进步和优势，使舰队处于希佩尔的军事攻击范围内，遭遇了更精准的打击。贝蒂的两艘战列巡洋舰在大约 14000 码（约 13 千米）的距离内被击中，德军的炮弹在降落过程中（长距离使其呈弧形下降）击穿了甲板，点燃了弹药库，并引爆了作为炮弹推进剂储存在下方的线状无烟火药，战舰被炸得四分五裂。据说，贝蒂当时气急败坏地说："今天我们这些该死的船似乎有点毛病。控制好舰船，靠近敌人。"[19]

不知出于怎样的考虑，在这场同希佩尔的交战中，贝蒂命令他的侦察舰队待在后方，侦查舰队的指挥官是海军上将埃文－托马斯（Admiral Evan-Thomas），侦查舰队由 4 艘更为强大的伊丽莎白级战列舰（Queen Elizabeth-class battleship）组成。侦查舰队随后开始追赶德军，并在距德军 16 千米处远距离发射炮弹攻击希佩尔的舰船，拯救了其余的巡洋舰。这些著名的快速战列舰是费舍尔、丘吉尔和造舰师们精心设计打造的，从英军的角度来看，巡洋舰和快速战列舰未能形成合力对德军进行攻击是一场彻头彻尾的悲剧。

随后，贝蒂下令开始了被称为"奔向北方"的第二阶段战役，旨在迫使希佩尔（以及他保护的主要德国舰队）靠近杰利科的大舰队。从大约下午 6 时 25 分开始，主要舰队之间的交战开始了，此时，英国大舰队展示出无与伦比的精准度，猛攻德国公海舰队。舍尔意识到英国大舰队在数量、射程、火力、阵位上都处于上风，担心自己被包围，于是改变航向向西逃离。但奇怪的是，在西行了大概几分钟后，他又向东折返。或许，正如他后来写道的那样，他试图重新开始战斗，抑或是他错估了英国舰队的阵列，希望从"大舰队的尾部下方"通过并带领舰船回到母港。结果，他径直驶入了大舰队的中心，引发了史上最猛烈的海上交火。从德军一方来看，整个东方的地平线上都是英军炮弹不断轰炸产生的熊熊巨焰。

后来，各方围绕射击指挥仪和英国装备质量产生了很多争议，海

日德兰半岛，海军上将贝蒂的狮号战列巡洋舰（位于水中正爆炸的炮弹后方），旁边是爆炸中的玛丽皇后号（Queen Mary），1916 年。

军上将希佩尔对此进行了反思：

> 大多数敌军……的火力给人留下了极其深刻的印象。他们的
> 炮弹十分密集（没有扩散），下落的高度和方向几乎都在同一个
> 地方。这场交火证明了英方谨慎地消除了其火炮中所有导致"扩
> 散"的影响因素，也证明了（在）高度和方向上，英国以最佳的
> 方式进行了火力控制部署。[20]

094

天色慢慢暗了下来，因为担心遭到鱼雷和水雷的袭击，杰利科放
弃了继续追击撤退中的德国公海舰队。

也许在曙光初现时战斗又会重新开始，但舍尔凭借着非凡的勇气
和运气在黑暗中转向东方，悄然穿过英国舰队，在黎明破晓之际回到
了威廉港（Wilhelmshaven）。日德兰海战就此结束。

日德兰海战之后：港口的巴勒
姆号战列舰（HMS Barham），
该舰船因炮击而损坏，1916 年
6 月。

日德兰海战之后：港口的赛
德利茨号战列巡洋舰（SMS
Seydlitz），1916年6月。

德国随后立即宣布取得了巨大的胜利。英国的新闻媒体管理效率
低下、瞻前顾后，花费了大量时间讨论是否对德国的宣告进行反诉。
德国公海舰队没有被完全摧毁，很多人对此感到失望，但海军部确实
事先批准了杰利科的谨慎策略。连丘吉尔也承认，杰利科是唯一能在
一个下午就输掉这场战争的人，但是他并没有失败：他保存了一支依
旧具有压倒性优势的海军力量。

尽管英德这些令人畏惧的海军舰队实际上是互为制约的，在这场
战争的大多数时间里都被安全封锁在各自的基地，即斯卡帕湾和基尔
港，但在日德兰海战结束后，英国仍旧无可争议地牢牢掌握着北海控
制权。直到1917年，德国正式宣布发动无限制潜艇战之前，协约国
船只能在全世界自由航行，甚至可以公布启程日期。当时，商船的保
险费率仅为1%。协约国船只还运送了大约2000万人到战场附近和英

吉利海峡对岸。

　　一位历史学家曾评论说日德兰海战是"重炮在海上的失败"，一针见血地指出其命中率低和摧毁一艘军舰需要耗费大量炮弹的问题。[21] 但这对英国来说并不重要，即使是机枪也同样存在浪费。从技术角度而言，或许这些宏伟战舰的主要弊端在于：它们的射击、发动机和装甲水平都很高，但是指挥和控制技术却远远滞后。杰利科曾在5月31日的下午向贝蒂发过一次紧急但无效的信号，他问到："敌方的主要作战舰队在哪里？"事实上，双方都无法回答这个问题。当时的通信虽然部分依靠简陋、零散的无线电线路，但大多数情况下仍借助于传统的桅顶信号标和信号旗。随着船速和火炮打击范围的大幅增加，舰船之间常常间隔很远，信号的有效传递距离也就等于能见度的

铁公爵号战列舰（HMS Iron
Duke）带领着一列战舰，1914
年7月。

极限。回想起来，战舰的各项技术在发展上并不平衡，这些能实现远程射击的新舰船已经达到了前所未有的航速，发展水平远远超越了在此之前能完全满足海军需要的通信和控制技术。

　　尽管如此，英国海军所采用的战前政策完全达到了其主要战略目的。英国旨在确保英国和其盟国的自由海洋贸易，并且完全禁止敌对国之间的贸易往来。尽管未能发起消灭德国公海舰队的大型作战，但英国海军力量确保了英国、法国及其同盟国家在世界上所有海洋范围内进行自由贸易，协约国还通过舰船运送了数百万军人。英国在海上对德国实行了几乎密不透风的封锁：除了波罗的海和荷兰海岸，几乎

航空摄影令人畏惧的拍摄效果是防空射击发展的一个主要推动因素，图片中的战壕线和防御工事清晰可见。1916年，皇家飞行队（Royal Flying Corps）的一架 BE.2C 型侦察机正在西部战线上空飞行。

没有任何一艘德国的商业船只能够航行，瑞典于是成为德国的主要海上贸易伙伴。德国的经济生活和人民福祉受到了极大的限制，这就基本确定了其最终的命运。097

　　海军上将珀西·斯科特对日德兰海战发表了独到精辟的见解，他在《泰晤士报》上公开声称杰利科圆满完成了计划中的这场战斗。他还对当天晚些时候采取的行动发表看法，认为在主要舰队的交战中，大舰队的战列舰对德国军舰进行了 70 多次打击，"但却仅遭到两枚炮弹和一枚鱼雷的攻击。无论从什么标准来看，70:3 都是一次轻而易举的胜利……无论杰利科初期采取了什么战略，德军雄心勃勃地发动战斗，最后却无功而返，除了投降，他们再也没在海上出现"。

　　事实上，如果英方把贝蒂的巡洋舰分队在战争初期遭受的损失排除在外，德英双方在舰船和士兵上的全部损失将十分接近。不管怎样，尽管庞大的英国舰队遭受了一定损失，但其军力也还没有削弱到让舍尔敢于冒险来再次交战的地步。不过，1918 年，由于鲁登道夫（Ludendorff）在西部的陆上进攻遭遇失败，海军上将舍尔确实曾提议让舰队出航以试探和削弱英国的海上力量，这似乎是为了从其敌人手中获得更有利的和平条款。尽管英国在日德兰海战中进入状态比较缓慢，但战争结果还是证明了英国政府的胜利。在舍尔再次提议之后，德国海员认为接下来的战斗必定是一场"死亡之战"，一夜之间，300 名船员跑得无影无踪，在接下来的几天内，舰队内发生了兵变。心生不满的海员将这些情绪带到各个大城市，可能面对另一场海战的威胁引发了在整个德国国内蔓延的一系列骚乱、反叛和政治崩溃。不久之后，德国皇帝威廉二世宣布退位，逃到荷兰寻求庇护，他精心打造的舰队中爆发的哗变成为第一次世界大战结束的导火线。

4
射杀高空雄鸡的理论和实践

　　20 世纪 20 年代，如果受邀前往一个英格兰伯克郡庄园，可能会看到一番不同寻常的景象。一辆小型的福特 T 型卡车正沿着庄园的道路颠簸前行，发动机发出极限功率下的巨大轰鸣声。卡车的一侧从头到尾都被刷成白色的钢板遮挡得严严实实，在这一侧的不远处，少校杰拉尔德·伯拉德爵士（Major Sir Gerald Burrard）站在约 40 米外的草地上，身着粗花呢射击上衣，穿着靴子和马裤，全副武装，他钟爱的 12 口径普迪猎枪（Purdey）已准备就绪。随着福特卡车开始水平行驶，少校扛起猎枪，沿着卡车路径摆动枪口，连续向白色钢板发起射击。

　　子弹一粒粒连续击中钢板，发出响亮的碰撞声，对于坐在卡车另一侧的司机来说，听上去肯定十分可怕，但实际上他没有任何危险。射击完成后，司机将车停下，少校跑上前去检查钢板上的射击散布图，他试图解开一个古老的谜题：向移动目标进行射击是否会使射击散布图案稀疏并减弱子弹的穿透力？测试十分顺利，唯一的阻碍因素在于要使老旧的福特卡车达到每小时 40 英里的速度略显困难，但少校认为这个速度刚好相当于鸟顺风飞行时的速度。[1]

少校杰拉尔德·伯拉德爵士在
移动目标弹道试验中使用的 T
型卡车的两侧。

　　在不同的距离用猎枪朝着刷成白色的钢板射击是一种由来已久的测试方式。一个形状良好的散布图会显示出均匀分布的子弹痕迹，中间不能留下可能让鸟飞过的任何空隙。但是，伯拉德认为，由于这些以前用于枪匠试验的钢板是固定在地面上的，发射的子弹不能同时命中钢板，静止的钢板也就无法证明枪对于一个移动目标的真正效力。

　　再者，众所周知，要射中鸟的翅膀，必须沿着其飞行路线摆动枪口，以"提前瞄准"目标。也就是说，必须提前瞄准鸟即将达到的地方进行射击。一些射击手认为，摆动枪口这一行为就像一根花园浇水管一样，射击散布图倾向于沿着飞行路线展开，但伯拉德在进行了一些快速的数学运算后否定了这一想法。

　　他对此产生了强烈的兴趣：所有发射的子弹不会立即同时到达，因为一连串子弹从枪管射出后，会变成具有一定宽度的子弹团，沿着飞行路线纵向散开，所以这些子弹到达靶子的时间各不相同。如果目标是静止的，这个问题无关紧要，但如果目标是移动的，情况又会是怎样的呢？他推测射击散布图上的子弹痕迹将更加分散，猎物也可能在最后一批子弹到达之前穿越空隙并继续飞行。那么，枪匠们自豪地向顾客展示的常规图案确实是经过实地测试获得的吗？在现实中，当对快速穿越的目标进行射击时，射击散布图是否会被扭曲并被"拉长"？于是，他使用福特卡车进行射击试验，福特卡车侧面的靶心代表一只飞过的雉鸡，它以每小时 40 英里的速度在 1/10 秒内飞行约 1.83 米的距离。[2] 伯拉德的结论是，根据发射的角度，常规射击散布图的有效性实际上减少了 10%，不过后来有些学者认为这个数据没有决定性意义。

　　伯拉德曾是一名职业炮兵，他在退役后顺理成章地利用自己的军事专业知识进行研究，以使他喜爱的射击运动更加理性和科学。他还曾担任过枪击案件中的专家证人，他用神探福尔摩斯式的语言把这个案件描述为"塞浦路斯医生枪击案"。一位名为西奥多西·佩特鲁（Theodosis Petrou）的糕点师被指控于 1933 年在汉普斯特德（Hampstead）谋杀了安杰洛斯·泽门尼斯（Angelos Zemenides）。佩特鲁涉嫌谋杀的原因是，他给了兼职做婚介的泽门尼斯一笔钱，但泽门尼斯没有为他找到新娘，也不肯归还这笔钱。在佩特鲁的地下室里，警方找到了一把口径为 0.32 英寸（8.1 毫米）的勃朗宁（Browning）自动手枪。

伯拉德负责使用显微镜比较犯罪现场的和用查获的自动手枪射击得到的子弹和弹药筒上的痕迹。这起案件似乎十分难以被推翻，但令他惊讶的是，这把手枪不可能射出那枚致命的子弹。但是，"一系列证据都足以给可怜的佩特鲁定罪，因为说服不懂枪支射击技术的陪审团需要有力的证据"，于是他采用了细致入微的显微摄影，展示每支枪如何在弹药上留下其独有的"痕迹"，尤其是黄铜制成的弹壳带有所有机械加工和后膛室遭受的损坏或刻痕的精确的反向印记。于是，辩方声称这把勃朗宁自动手枪是有人为了栽赃陷害佩特鲁悄悄放在他家地下室的，佩特鲁最后也被判无罪。这种类型的司法鉴定在当时的英国仅是第二次见到，但今时今日，对于热衷于涉及司法鉴定和犯罪现场调查的电视剧的观众来说，这已是个司空见惯的概念。[3]

　　然而，少校伯拉德并不是首位在现实条件下研究猎枪性能的业余科学家。他坦率地承认，他之所以采用科学方法研究弹道科学是追随了另一位英国伟大先驱的脚步。

　　1913 年，拉尔夫·佩恩－加尔维爵士（Sir Ralph Payne-Gallwey）发表了一本标题新颖的小书，名为《射杀高空雉鸡的理论与实践》（*Shooting High Pheasants in Theory and Practice*）[4]。在位于约克郡的庄园里，他主要研究猎枪垂直发射时的效力。他也注意到，枪匠的试验是通过对刷成白色的"模型板"进行水平射击以评估子弹射击散布图的一致性和子弹穿透力。佩恩－加尔维想知道：在更常见的情况下，向空中射击时会发生什么？由于重力的存在，发射的子弹损失的动力是多少？风力会影响射击散布图吗？他制作了一个边长为 7 英尺（约 2.13 米）的正方形靶架，然后用亚麻布覆盖住，用一只大风筝将靶架带往空中。他记录道，"我遇到了很多麻烦"，意料之中的是，"靶架疯狂地翻转猛冲，嗡嗡作响"，在下降时将靶架收回的风险很大。[5] 但是，他确实找到了方法来稳定这个由风筝携带的靶架并记录

102

拉尔夫·佩恩－加尔维爵士在约克郡的瑟克比城堡（Thirkleby Hall）（上图）和他的枪械室（下图）里。他对有关弩和早期武器的历史的研究充满热情。桌下的装置可能是一辆弩车，也可能是一个中世纪石弩或攻城机的微型模型。

下一些有用的图案，证明了枪的威力会因逆着重力向上发射而大幅减弱。他也是第一批对提前量（lead/forward allowance）的必要性进行量化的支持者中的一员，测算出在子弹的飞行时间内，猎鸟的飞行距离为 2.13~2.74 米。

如今看来，这些具有独创性的弹道实验似乎与今天的科学实验方式相差很大，或许人们会觉得这些实验都近乎异想天开。但我们可能需要思考，在武器领域，至少对英国来说，正是在这一时期，专业人员和个人对武器的兴趣开始紧密结合起来。佩恩－加尔维于 1916 年逝世。[103] 在此之前的 1914 年，他的儿子在第一次世界大战早期的一次战斗中丧生；1915 年，德国的齐柏林（Zeppelin）飞艇开始对英国发动空袭；同年，齐柏林飞艇轰炸了赫尔附近的港口。佩恩－加尔维可能也曾听到飞艇在约克郡上空自由盘旋的声音，而高射炮则忙于搜索这些移动飞行器。毫无疑问，他一定在思考这些事件的可怕变化，以及如何将令他为之痴迷的运动谜题在战场上得到应用并保卫英国。[104]

“希尔的强盗”和防空科学

第一个向空中射击的人是猎人，这个说法可能让人觉得吃惊，但在气球时代和飞机发明之前，空中军事目标是肯定不存在的。在美国内战和 1870 年巴黎遭到围攻期间，人们在观测气球上进行射击，但飞机的发明改变了这一切。

枪支知识的广泛传播对英国在一战和二战中由应征公民组建的军队产生了直接影响，对击落飞机这一新领域中的技术转移功不可没。据说，因为猎场看守人和射击手对瞄准“提前量”这一概念有着天然的洞察力，所以他们在早期执行防空任务时更受青睐。

像雉鸡一样，飞机这个移动目标让人捉摸不透，并且在飞机诞生的初期，炮手没有任何规则和射表用于辅助发射。据说，第一架被炮火击中的飞机是奥匈帝国空军的一架双人座飞机。1915 年 9 月

30 日，这架飞机在执行向位于塞尔维亚中部的城镇克拉古耶瓦茨（Kragujevac）投掷炸弹的任务时被摧毁，该镇拥有一座大炮工厂和一些军事设施，而此时距第一次世界大战爆发已过去了整整一年，在这一年里，德国、英国、澳大利亚、意大利和俄国的飞机在各自敌人的防线上方整日来回盘旋却完好无损，负责侦查并报告军事行动和炮位，而地面的士兵则徒劳地向空中，多半是飞机的后方，不断发射子弹。这说明要击中飞机难度很大。[6] 但在克拉古耶瓦茨，塞尔维亚军队的炮手拉多耶·柳托瓦茨（Radoje Ljutovac）以某种方法通过肉眼正确地估算了提前量，选择了准确的时机发射了波兰制造的炮弹。他的成功很可能是由于他在塞尔维亚农村长大，从小就学习射击和捕猎。对于这次命中，他只是轻描淡写地说："我相信手中的感觉和作为一个炮兵的经验。"

105

　　在法国进行的战斗中，空中侦察是一个真正的威胁。敌人能够侦察到防线的脆弱点，还能炮轰弹药库和摧毁炮兵阵地，也能观察到为准备攻击进行的部队集结和补给提供。在公众的幻想中，与敌军进行近距离空战是一种冒险主义的浪漫，尽管"王牌飞行员"和他驾驶

塞尔维亚炮兵，1914 年。

的战斗机的主要任务并不是这个，而是不断袭击、击落和威慑速度更慢、攻击能力较弱的双座侦察机。

　　这种新的侦察方式对于拥有制空权的任何一方来说都是巨大的优势。但是，尽管"阿奇"（Archie：第一次世界大战时高射炮的俚语）可以持续不断地进行射击，但大部分飞行员，如驾驶索普威思骆驼式（Sopwith Camel）战斗机的维克多·叶茨（Victor Yeates），只是在空中饶有兴味地观察着炮手们的努力：

> 　　一声巨响让他的心提到了嗓子眼，是"阿奇"在注意他们，如果你没有注意到"阿奇"，那么它的第一次发射总会吓人一跳。黑色的浪花就在他的正前方，他穿越而过，然后转身向外飞去……他幽灵一般的身影与其说是危险，不如说更令人感到惊奇。不过，他不宜在活动时长时间保持直线飞行。[7]

当被称为"婴儿杀手"的齐柏林飞艇抵达伦敦上空时，才真正地刺激了伦敦的防空工作。1915 年 5 月 31 日晚上，齐柏林飞艇在伦敦的东部和东北部地区投掷了 90~100 枚炸弹，导致 5 人死亡，14 人受伤。同年 9 月 8 日，一架齐柏林飞艇在伦敦市中心上空肆无忌惮地游荡，在霍尔本、法灵顿路和金融城投放了多枚炸弹。此次攻击破坏了许多建筑，造成 22 名平民死亡，其中包括 6 名儿童。

　　在齐柏林飞艇首次对伦敦发动攻击的 3 天之后，好战的海军炮击专家——此时已退休的海军上将珀西·斯科特爵士（见第三章）被紧急召去接手伦敦的防空工作。由于一些异常情况，防空工作由海军负责。陆军此时正把所有资源投入在法国进行的战斗中，其已无力顾及此事，索性甩手不管。这一安排也是由温斯顿·丘吉尔在担任第一海军大臣期间极力促成的，他上过飞行课程，敏锐地洞察到了这种飞行

106

器带来的新威胁。

对一个刚从法国战场回来的军官来说，伦敦所遭受的破坏，

> ……完全是不值一提的。（但是）伦敦市民对烈性炸弹的威
> 力不甚了解，他们从小就认为自己所在的岛屿是坚不可摧的……
> 这个事件带给人们一种全新的认识……他们并没有表现出恐慌，
> 但……他们都对这种向毫无防御能力的妇女和儿童发动攻击的行
> 为极其愤怒。[8]

斯科特发现了一个糟糕的情况：守护伦敦的 12 座大炮和装有定时引信的炮弹由于性能不稳定都起不到防御作用。由于炮弹内部的炸药量不足，弹壳设计有误，炮弹无法剧烈爆炸成细小的弹片，大块碎片会落向伦敦，造成人员伤亡。根据斯科特的观察，他遇到的政府官员都无一例外地具有他在整个海军生涯中一直谴责的特点：拥有"最大程度的冷漠和最夸张的文牍主义"。为了提供灵活的移动式防空手段，斯科特决定仿造法国安装在卡车上的性能优越的 75毫米大炮，于是他请求海军部为他在英国建造一座这样的大炮："他们同意考虑此事……我毫不怀疑，他们要花几个月批准所有必要的文件。"[9]

但幸运的是，斯科特有一名精力充沛的副手——中校阿尔弗雷德·罗林森（Commander Alfred Rawlinson）。在法国服兵役时，在对奥伯斯岭（Aubers Ridge）发动进攻期间，他曾遭遇一枚"重型炮弹"（一种大口径、高爆发力的德国大型炮弹）的近距离袭击，身负重伤后回到英国。[10] 如今只能胜任家务活的他急不可耐地想重新开始行动，斯科特一如既往地先斩后奏，将战前曾是赛车手和飞行员的罗林森派往法国，目的是求得、借用或窃取一座大炮。罗林森动身前

罗林森快速制造的一座可移动高射炮。出自海军上将珀西·斯科特爵士的《我在皇家海军五十年》(1919)。左一是罗林森中校。

往渡口，"沿着伦敦南奥德利街（South Audley Street）以每小时大概 50 英里的速度行进"，并于 4 天内完成任务后返程。这座大炮被放置在贝尔福先生（Mr. Balfour）窗下的"骑兵卫队阅兵场（Horse Guards Parade）上进行公开展示，而此时请求批准拥有大炮的公函都还没有写出来"。[11]

很快，罗林森的配有大炮和探照灯的机动部队开始在伦敦和乡间疾驰，目的是当观察者发现齐柏林飞艇飞越海岸时，拦截齐柏林飞艇。1916 年 4 月 1 日，机动部队取得了首次成功，在马盖特附近击落了一架军用编号为 L15 的齐柏林飞艇。炮火的威力很快就迫使齐柏林飞艇的驾驶员只能飞往更高的空中区域，并在乡村附近徘徊。

齐柏林飞艇 L33。于 1916 年 9 月 23 日或 24 日晚在埃塞克斯郡的威格伯勒（Wigborough）被炮火击落。

　　德国曾设想，齐柏林飞艇是一种新型超级科技，是一种独特的国家科技天赋的产物，技术官僚主义较弱的国家无法效仿。这种飞艇甚至可能征服海上力量，并且英国所拥有的数量庞大的战列舰在这种新舰队面前可能也过时了。尽管速度慢，但它们在高空时似乎不太容易受到攻击，甚至能通过排掉压舱水比战斗机爬升得更高。但是，随着防空射击技术的改善，防御战斗机开始掌握夜间飞行这种高风险技术，齐柏林飞艇的活动成为英国领空的一大防御目标，它们的攻击活动也逐渐减少。

　　也许对英国的防御工事来说，体型庞大、速度较低（约每小时 113 千米）的齐柏林飞艇在英格兰上空进行了首次突袭，这算是一件幸运的事，因为这给英国发出了警告，有助于英国后续改善相关设备和技术。但不久，德国新的"哥达"（Gotha）轰炸机出现了。其实它们的最高速度比齐柏林飞艇快不了太多，但它们却更机动灵活，体型也小得多，而且没有装载大量易燃的氢气。

　　与此同时，防空工程迈向科学化进程。1916 年 1 月，生理学唐纳德·麦克斯韦（Donald Maxwell）绘制的布面油画《圣乔治与龙：1916年4月，泰晤士河上的齐柏林飞艇L15》（*St George and the Dragon: Zeppelin L15 in the Thames, April 1916*），1917年。

家阿奇博尔德·维维安·希尔（A. V. Hill）收到霍拉斯·达尔文（Horace Darwin）的请求，希望能同他合作开展防空研究，尤其是针对一个棘手的问题：如何获得入侵飞机的飞行高度。霍拉斯是查尔斯·达尔文（Charles Darwin）的第5个儿子，也是剑桥科学仪器公司（Cambridge Scientific Instrument Company）的创始人。在之前希尔所开展的一项关于肌肉收缩的科学工作中，他们两人对彼此已有所了解，达尔文知道希尔有"喜欢发明新事物这一令人不悦的习惯"。[12]

　　防空射击问题激起了希尔的兴趣，他深谙政界之道，设法脱离了剑桥郡军团火枪兵军官的身份，开始召集志同道合的科学家一起开展研究。没过多久，大家就意识到并没有人真正了解"高角"射击和炮弹被发射到空中后真正的飞行轨迹。如本书前述，17世纪的思想家发展了一种弹道运动理论，但最终被牛顿力学中的新描述所取代。自那时以来，务实的数学家就已为炮手向地面目标进行射击提出了若干实用可行的规则。在为每一种处于不同仰角的大炮和发射中所有可能用

查尔斯·福尔摩斯爵士（Sir Charles Holmes）绘制的布面油画《1915年1月，桑德灵厄姆，等待齐柏林飞艇》（Awaiting Zeppelins, Sandringham, January 1915）。福尔摩斯爵士曾是这一防空小组的一员，后来担任英国国家美术馆（National Gallery）馆长。飞艇在诺福克（Norfolk）上万的活动让英方怀疑德国试图轰炸英国王室。1919年。

到的不同类型的弹药编制"射表"时，都需要应用这些规则：

> 把研发出来的大炮安装在试验场某个安静的角落，然后日复一日地进行发射……直到积累大量通过仰角、炮弹和弹药筒的不同组合实现的射程的数据。根据这些数据就能编写一个完整的射表。[13]

111　　每一种大炮都有自己的射表，这些经过整理的信息能够使炮手精准地击中地面上（或海上）的（常常是远距离的）目标，这样大炮就根本就无须进行用于显示数值或校准的测试性射击。因为可以测量炮弹爆炸的位置，所以这能够为检验理论和射表提供依据。但是，向空中射击仍是一个谜，没有人知道炮弹会在哪儿爆炸，对爆炸之前炮弹的飞行轨迹也一无所知。

希尔在转向生理学领域的研究前是出色的数学家，但如今他需要召集更多的数学高手一起合作。最初，他主动联系了戈弗雷·哈罗德·哈代（G. H. Hardy），哈代是他在剑桥大学的同事，也是英国最杰出的数学家之一。希尔记录道，哈代"一直都是个古怪的人……他说，尽管他已做好被射杀的准备，但他却不打算为了战争出卖自己的智慧"。不过，哈代还是推荐了一位他的优秀学生，即后来的物理学家爱德华·亚瑟·米尔恩（E. A. Milne）。希尔幽默了一把："显然，他早就准备好了出卖米尔恩的智慧。"[14]

米尔恩对于加入这个研究团队的态度十分积极。另一名卓越的剑桥大学学者、物理学家拉尔夫·霍华德·福勒（R. H. Fowler）也对

阿奇博尔德·维维安·希尔坐在他的办公桌前，1925 年。1922 年，他因对肌肉收缩机制的研究获得了诺贝尔生理学或医学奖。

此很感兴趣，他在加里波利之战（Gallipoli campaign）中身负重伤，后来回到英国，希尔爱才如命，赶紧将他招入麾下。

此外，哈代在理论数学领域的合作伙伴是约翰·恩瑟·李特尔伍德（J. E. Littlewood），他不像哈代那么苛刻，很喜欢和人一起探讨有关火炮的问题，还在伍尔维奇兵工厂（Woolwich Arsenal）工作时，他就常常和希尔一起讨论神秘的高角射击轨迹。

哈代于 1940 年撰写了《一个数学家的辩白》（*A Mathematician's Apology*）一书，谈论数学中的美学，还对数学的历史及其社会功能等诸多话题进行了拓展和阐释，令人欣慰的结论是，真正的（与"琐碎"相反的）数学对战争没有影响。他在书中这样写道：

> 迄今为止，还没有人发现数论能被用于战争目的……诚然，应用数学的某些分支，如弹道学和空气动力学，是为战争而特意发展起来的……但它们也都没有资格被当作"真正的"数学。它们确实丑陋得让人作呕，也枯燥得令人生厌，即使有李特尔伍德加盟，也无法让人们对弹道学产生哪怕是一点的敬意。如果他不能，又有谁可以做到呢？真正的数学是一种"无害又单纯"的工作……所以真正的数学家是问心无愧的。[15]

希尔的研究团队开始了一场漂泊之旅。他们首先来到诺霍特（Northolt）机场，这里的高度测定器性能卓越，或许由于雉鸡射击思维的残余影响十分牢固，他们无法得到当地军官的支持。希尔回忆道，他们"认为我们是想把一项运动当成一门科学的怪人"。[16] 研究团队接着前往位于特丁顿的英国国家物理实验室（National Physical Laboratory），最终来到朴次茅斯附近的鲸岛（Whale Island）。这个岛上建有拥有"优异"号（HMS Excellent）的海军基地，还有一所海军炮术学校，他们在这里终于获得了理解和支持，安顿下来。

希尔团队的第一个研究成果是希尔—达尔文镜子测高仪。这个研究使用两面大镜子，镜面上画有方形的格子，每面镜子前各有一名观察者，他们相隔约 1.6 千米，通过电话进行交流。观察者同时说出他们所看见的飞机具体位于哪一个镜格，由此通过三角测量就能够计算出飞机的高度。

大多数实验团队成员和科学家是希尔通过自己的良好人际关系和非正规渠道招募的，实验所用的电话线也是从其他装置中拆解下来的。这群不同寻常的团队成员们穿着不同军种的制服，还有一些成员甚至根本就不穿军装，这给军方带来了不少困扰。有一天，威廉·哈特利（William Hartree）爬上电线杆修理电话线时被一名军事警卫逮捕，并因涉嫌试图与敌军联系被单独囚禁在步枪站数小时。同时，军

113

"强盗执业许可证" ——以大英帝国官佐勋章和内政部活体解剖证书为模板混合而成。

114

"强盗们"收到的漫画。在"大炮护卫"等着下达发射弩的命令时，巫师正查看"装置"（测高仪）和"论著"。

方也试图征募有价值的团队成员入伍，比如视力不佳的米尔恩。幸运的是，鲸岛是海军的领地，指挥官鲍宁上尉（Captain Bowring）具有强烈的同情心，据说他在通往该岛的桥上派驻士兵以逮捕那些想从希尔的团队里挖走科学家的募兵士官。这个团队对他们的绰号"希尔的强盗"津津乐道，还很快授予了团队成员一些特别的头衔——根据级别分为某某首长（米尔恩被称为"肆无忌惮的强盗"）——所有头衔以古代字体罗列在一张带有伪纹章的"强盗执业许可证"上。这个证书的风格是大英帝国官佐勋章（OBE）和内政部活体解剖证书的混合体，上面附有一张中世纪地对空射击的漫画：一支弩正射向一只来袭的龙。

经证明，希尔—达尔文测高仪能够精确地测量飞机的飞行高度，但它最大的贡献应该是证实了防空炮弹的飞行特征。因为没有人真正掌握榴霰弹的爆炸高度，镜子测高仪就被用来通过观察炮弹爆炸时产生的烟雾来确定这一点，用不同引信设置进行连续发射也能确定炮弹的飞行路线。

同时，米尔恩致力于制定公式，目的在于确定炮弹上升时由于气压下降所受到的影响，他还研究了随着海拔升高产生的温度变化，以排除这是引起定时引信燃烧不规律的原因之一。米尔恩高度近视，是一个书呆子，他曾乘坐一架双座飞机亲自测量了 4420 米处的温度和气压，一不小心就成为记录缺氧影响的早期观察者之一，展示了他伟大的开拓精神。"气温降到了零下 10 华氏度。天哪，好冷，但是天知道我有多么惬意！……我们两个飞行员如此幽默，到达最高处时，其中一个还唱起了歌。"[17]

"希尔的强盗"研究团队也想知道当炮弹上升时风层的变化（这是个全新的知识领域）以及炮弹在高海拔时的实际威力。有一天，他们对此进行了图示说明，当时该团队从鲸岛发射了一枚炮弹到 6100

米以外的地方，一大块钢制弹片飞越了整整 1 英里（约 1.6 千米）落到了海灵岛（Hayling Island）高尔夫球场的地上，"这让正站在附近的一位老人和他的妻子大惊失色"。这位差点被击中的老人带着形状参差不齐的弹片找到这些发射者讨要说法，他们对老人的这一举动感激不尽，说这是他们"丢失的一块弹片壳，他的这一发现很有价值……但老人对这些说法并不满意"。[18] 老人的愤怒十分合理，因为在战争期间，英国据估计有 135 人死于"友军"坠落的防空炮弹碎片。

最后，米尔恩采用的在不同海拔平衡气压和风速的方法，以及经过李特尔伍德修正的弹道学，通过观察仪器和测高仪都得到了证实。该团队的工作给 1925 年为英国陆军部（War Office）出版的《防空射击教材》（*Textbook of Antiaircraft Gunnery*）提供了大量基础数据。当战争于 1939 年再度爆发时，这本教材仍然是这个领域的权威著作。尽管一些新的要素还有待增加，如大规模夜间轰炸、更快的飞行速度和前沿雷达技术等，但弹道学的问题已经基本被"希尔的强盗"解决了。

战后，希尔回归生理学研究领域，在 1922 年因其关于肌肉收缩的研究获得了诺贝尔生理学或医学奖。米尔恩在 1910 年获得了剑桥大学三一学院的研究员资格，成为一名杰出的天体物理学家（他的其他成就之一是建立了确定恒星温度的方法）。不同寻常的是，尽管他从未获得学位，但他却被聘为该学院的研究员，与"希尔的强盗"团队成员一起度过的战争岁月让他在物理学和科学研究技术方面受益匪浅。他回忆道：

在指导研究上，这两个人（希尔和福勒）都很优秀……观察他们如何开始研究一个新的问题——他们通常会面对一个新的领域，分析新的材料，观察他们如何进行推论、得出结论和做出正确的判断，以及参与全部过程，这种培训比大多数大学为有志做研究的人提供的培训有效得多……（我）在希尔和福勒手下工作的 3 年，是对（我）一生影响最深远的时期……也是一段最为丰富、享受和宝贵的经历。我在其中受益良多，对他们两人永远感激不尽。[19]

防空火力和第二次世界大战

也许希尔团队留下的最有趣的遗产是英国科学界对第二次世界大战做出的回应。历史往往倾向于把二战的胜利归功于某个人，声称所有的科学建议都源自温斯顿·丘吉尔的挚友兼亲密顾问弗雷德里克·林德曼（Frederick Lindemann），即查韦尔勋爵（Lord Cherwell）。事实上，尽管希尔从未在丘吉尔面前出谋划策，但他在战争早期的作用十分关键，还曾积极开展活动反对林德曼带来的一些不良影响。

丘吉尔于 1939 年 9 月结束他的"在野生涯"，执掌海军部，并于次年成为英国首相，在此之前，希尔一直在努力活动，试图确保科学家能在整个军事领域得到合理利用，而不是重蹈上次战争的覆辙，通过混乱迂回的途径解决军事问题，或者更糟糕，再次作为战壕里的炮灰被消耗。

希尔利用职务之便，在担任皇家学会秘书时，推动创建了一个根据专业划分的科学家名册。1938 年，希尔以皇家学会的名义写了封急件，敦促所有大学的副校长和行政人员列出历年来的科技人员和学生名单。他在信中强调："希特勒不会留给我们太多时间了。"1 年后，当第二次世界大战爆发时，已有 7000 名科技人员载入名册，整个名册被称为"中央登记簿"（Central Register），它是一个"精确的工具"，用于在战争期间采用最合理的方式来调动科学家，并且有助于将技能和知识与在这场前所未有的技术战争中新出现的军事和社会问题相匹配。[20]

　　尽管中央登记簿这个名字带有独裁主义和奥威尔现象①的特点，但它并不是希尔应用的唯一工具，在某种程度上，通过建立"希尔的强盗"研究团队，他同军方和政府的高层建立了良好的联系。无论如何，人际关系和"幕后操控"仍然是科学和战争相结合的一个基本特征。希尔认为，防空是战争中最紧迫的问题之一，当敌人开始进攻后，他找到了英国防空司令部的总司令——"蒂姆"·派尔将军（General "Tim" Pile），派尔对他的看法表示认同，认为这一问题需要通过科学分析和"新人的直觉"加以解决。[21]

　　派尔第一个承认防空火力的表现不尽如人意。当然，这个问题同希尔在第一次世界大战时设法解决的问题并没有本质上的区别，只不过现在敌机的飞行速度翻倍了，飞行高度和飞机数量也增加了不少。再者，随着空战在 1940 年进入白热化阶段，敌方的轰炸机编队开始在夜间进行偷袭。在第一次世界大战时，大炮只需要瞄准敌方"侦察机"前方约 1 千米的地方，使炮弹和飞机在同一时间到达同一区域就可以了。到了第二次世界大战时，飞机的速度和高度已大幅提升，瞄准提前量可能就需要达到大约 6.5 千米。对于重型高射炮上的操作员来说，如此之大的提前量似乎有点违背人的本能。因此，为了避免抬头瞥见飞机而受到干扰，火炮瞄准手和引信设置员有时只能背对目标而坐，调节有关仰角、方位和引信高度的仪表盘上的指针，让它们与预测器装置指示的设置保持一致。

　　自第一次世界大战至此时，一个有用的新发明——防空预测器问

① 　源自英国著名小说家乔治·奥威尔的名字，通常指专制主义。——译者注

世。这是一个机电模拟计算机，可以结合飞机的速度、高度、"轨迹"或罗盘方向以计算"发射方案"，确定大炮的仰角、方位和引信设置（爆炸高度）。这些数据分别从 3 个单独的仪表盘上读取，起初，操作员根据这些数据对大炮进行手动调整。

　　第二个十分重要的发明就是雷达。尽管当时环海岸的大型雷达塔（一个名为"Chain Home"的预警雷达系统）在侦察突袭和指挥作战室将战斗机指引向突袭者方面表现优秀，但对于大炮所需的精确定位来说，它们还不够精确。幸运的是，相关科学家一直致力于研发一种波长更短、更为精确的工具，并将其命名为炮瞄（瞄准大炮）雷达 [GL（for gun-laying）radar]。科学家们紧急产出了众多可供使用的雷达装置，不过，当战争开始时，它们还不能很好地和使用精确光学

维克斯（Vickers）预测器，这是一种用于高射炮的复杂精密的专门用途机电模拟计算机。1940 年。

维克斯预测器的细节图，由斯佩里陀螺仪公司（Sperry Gyroscope Company）在美国制造。

帕特里克·布莱克特曾是第一次世界大战日德兰海战中一名年轻的海军军官，后来成为知名物理学家。他因在原子分解和宇宙射线方面的工作获得了诺贝尔物理学奖。在第二次世界大战中，他成为运筹学的创始人之一，将科学应用于军事行动中。霍华德·科斯特（Howard Coster）于约1935年拍摄。

方位的预测器系统匹配在一起。

　　1940年，希尔带着派尔参加了皇家学会的一个会议，当时物理学家帕特里克·布莱克特（Patrick Blackett）发表了一个学术讲话。派尔对他印象深刻，说道："我为什么没有招募这个叫布莱克特的伙计呢？"[22]

　　布莱克特不是一名普通的科学家，他是科学和军事之间完美的中间人和重要纽带。尽管他因在原子核分解方面的工作获得了诺贝尔奖，但在致力于物理学研究之前，他曾是1916年日德兰海战中战列舰巴勒姆号上的一名初级军官，后期曾担任一艘驱逐舰上的射击军官。布莱克特并不认为科学家比拥有痛苦的战斗经历的军事人员知识更渊博，但是他主张，制定战术应该将统计分析和长期数据作为依据，而不能仅依靠作战人员在个别交战中积累的数据。他还认为，"总体而言，大部分作战行动，以及几乎所有空战行动的成功，都来

"击败希特勒的英国武器"。第
二次世界大战海报。1942~
1945 年。

自许多小胜利的累积，但就每次小胜利而言，特定的军事行动获得成功的概率是很小的"。[23]

　　布莱克特认为对于新武器的渴望相当合理，但这有时也可能是一种逃避主义。他用戏剧般的腔调夸张道："我们现在的装备不够好……

A British Anti-aircraft Battery in action. More than 590 German raiders have been destroyed by anti-aircraft fire over Britain.

那我们就来发明一个新的小玩意吧。"当然，或许要花上一年的时间才能够造出新的装置，即使造成了，我们也会发现它可能又有自身的局限性。那么，如何能够使所有实际可用设备的效率最大化呢？布莱克特为寻找答案付出大量精力开展研究，并以此为核心开创了一门新的科学——运筹学。

布莱克特做出了许多卓越成就，其中最值得一提的是，他对整个武器体系中涉及从侦察到攻击的整个复杂事件链的一系列因素都进行了巧妙的优化。布莱克特和他的科学团队成员被人们称为"布莱克特马戏团"，因为他们像变魔术般迅速地提高了防空炮的性能。此外，

"战斗中的英国高射炮兵连"。第二次世界大战海报。1942~1945 年。

位于萨福克郡（Suffolk）索思沃尔德（Southwold）的第127重型高射炮团（Heavy Anti-Aircraft Regiment）的94毫米（3.7英寸）大炮。1944年10月9日。

派尔将军、温斯顿·丘吉尔和丘吉尔的女儿玛丽（Mary）参观防空基地。玛丽是派尔将军的高射炮兵连中的一名下士。

他们展示了如何将所获得的雷达预警航迹——尽管相对来说仍不够精确——在进行平滑处理后与现有的火控预测器结合使用，还基于统计数据和概率计算了火炮的最佳位置和分组方式。

　　在战争的早期阶段，大多数夜间防空炮在发射时只能依靠不精确

的目标定位，尽管丘吉尔想要人们在突袭期间听到火炮防御的声音，

123 但巨大的弹药使用量让他发愁。还有一件更令人忧心的事：捉襟见肘的工业制造商们生产替换炮管的速度已经远远跟不上防空司令部（AA Command）磨损炮管的速度。

然而，据估计，"每只大鸟发射的炮弹"（高射炮手惯于使用这个说法）从摧毁每架飞机需要发射 20000 枚很快下降到 4000 枚。另外，不列颠之战（Battle of Britain）期间，在 1630 架被击落的德国飞机中，防空火力摧毁了其中大约 300 架（派尔将军估计为 357 架），为英国取得第二次世界大战的胜利立下赫赫战功。

第二次世界大战中德国上空浓浓硝烟中的美国空军 B-24 轰炸机。弥漫的烟雾表明，到 1945 年，德国及盟军在进行防空射击时对高度的判断都是几近完美的。但是，尽管这架飞机的右侧引擎被击中，但在射击分布图上仍然存在"空隙"。

　　防空司令部成为一个高度先进的机构。在面临的众多挑战中，移动枪炮以抵御预料中的突袭是这个机构的一项主要任务。派尔将军可能是唯一一个在整个二战期间一直担任高级职位的指挥官，尽管在战争初期他因让女性参与前线服务遭到了一些反对和质疑，但他仍然坚持自己的做法，他还极力主张男女同工同酬。

　　到了 1945 年，防空炮的精确度已经很高（原因请见下一章）。但是，可能是因为击中飞机这一任务依旧艰巨，又或是由于射击猎鸟翅膀这一技艺已经给防空射击带来大量可借鉴的经验，防空射击人员对他们的技能始终保持乐观积极的态度。普遍而言，重型高射炮手不会遭遇野战炮手或坦克兵的可怕经历，后者随时有被歼灭的危险，需要在致命的速度之战中与敌军展开生死搏斗。第二次世界大战中防空军人的竞技精神被记录在少数回忆录中，如《我们的生活和欢笑（与第195 重型高射炮连）》[*How We Lived and Laughed (with the 195)*]。尽管二战期间第 195 重型高射炮连在埃及的梅萨·马特鲁（Mersa Matruh）和阿拉曼（El Alamein）之战、利比亚的托布鲁克（Tobruk）之战中经历了艰苦漫长的战斗，但作者的调侃意味在字里行间十分明显：

　　　　让我告诉你一个关于战争的故事，
　　　　那就是梅萨·马特鲁战役，
　　　　第 195 重型高射炮连的奋勇抵抗，
　　　　和他们面对困难的光荣事迹。

　　　　我们消耗了 2000 发弹药，
　　　　这绝非自吹自擂，
　　　　炮管通身滚烫发红，

124

莱纳德都烤上面包了。[24]

当然，相对来说，重型高射炮连的空中打击能力并不适用于船上的炮手或那些地方军队基地和机场防御中使用更轻的近程武器的人员。实际上，炮手本身也和他所保卫的资产一样重要，正是他们对反应迅速且准确的防空火力的追求，才最终推动了电子、计算机和通信理论领域那些深刻且具有变革性的发展。

5

火力控制与新的生命科学

二战结束后不久，一名曾与盟军作战的波兰炮手声称高射炮连给他留下了深刻的印象。他回忆道，当炮管在预测器（指挥仪）的引导下瞄准目标时，"它们看上去就像 4 条蓄势待发的巨蟒"。[1]

倘若诺伯特·维纳（Norbert Wiener）听闻此事，他一定会产生强烈的兴趣。这位博学的美国数学家创立了一门名为"控制论"（cybernetics）的新科学。二战期间，他曾致力于研究高射炮以及美国人所说的"火力控制问题"，并以此为契机认识了许多精通高射炮制造的权威人士，包括控制工程师和理论家。他们制造的高射炮装有伺服系统和雷达，更灵敏和自动化，也更加具有生物性。

在炮手眼中，高射炮摇摆着排成一行翘首仰望，其排兵布阵不免让人立刻联想到眼镜蛇这种生物，而且高射炮系统的确被赋予了一些（虽然是一套非常简单的）生物的反应特性。在这个由雷达、预测器（指挥仪）、伺服系统和高射炮构成的体系中，诞生了控制论这门新科学，为我们感知人类活动带来了深刻且具有革命性的影响。

126 防空问题

第二次世界大战引发了一场全新的针对火炮动态控制问题的激烈讨论。1940 年，在不列颠之战中，高射炮弹药消耗量过大、效率低下的问题暴露无遗（详情参见第四章）。1941 年，珍珠港事件爆发，日本海军 354 架战斗机从航母上起飞，尽管遭遇了高射炮的猛攻，但最终仅损失了 29 架。[2] 这一事件大大推动了美国和英国对火炮的研究。

20 世纪 30 年代，在美国的工业发展进程中，生产和制造领域的控制工程受到广泛关注。一项由麻省理工学院成立不久的辐射实验室（Radiation Laboratory，即著名的 Rad Lab）和贝尔电话公司（Bell Telephone Company）研究中心牵头的项目吸引了一大批控制工程师、学者以及电子专家，[3] 目的在于解决一个迫在眉睫的技术问题，即如何使用最新发明的雷达技术，使高射炮能够动态、准确地追踪快速移动中的目标。[4] 雷达部件由辐射实验室设计制作，模拟计算机则由贝尔电话公司提供。

二战初期和中期的高射炮系统包含三大要素：炮组（一组高射炮通常作为一个整体移动）、一个专用的雷达装置、一台计算机。其中，计算机负责录入目标的速度、高度和射程，以计算战斗机前方的瞄准点。英国人把这种计算机称为"预测器"，美国人则更自信地称其为"指挥仪"。

起初，这三大核心要素由人工操纵和连接，改进系统面临的挑战是去掉这个由人工"中继器"和炮手组成的链条，这样，雷达的输出结果就能够直接被计算机录入，之后进入伺服电机，然后根据伺服系统的运算结果自动控制火炮。于是，一个非凡的自动武器系统——SCR-584 雷达就应运而生了。到 1944 年，SCR-584 雷达（用于陆军通信兵无线电通信）已经能够摧毁近七成穿越英格兰南部上空的

127

日军偷袭珍珠港的场景，高射炮弹在半空中连续爆炸。摄于1941年12月7日。画面中下方的大烟柱来自"亚利桑那号"战列舰（USS Arizona）。看似致命的高射炮弹虽频频爆炸，但由于它们仅靠人工瞄准，几乎起不到任何作用，354架日军战斗机中仅有29架被击落。

珍珠港，水手们正在汽艇上从燃烧的"西弗吉尼亚号"（USS West Virginia，BB-48）中营救幸存者。摄于1941年12月7日。这艘船至少被7枚鱼雷击中，还有两枚未引爆的炸弹穿透了船的外壳。

V-1 飞弹，在太平洋战争中，这个设备对美国海军战列舰和航空母舰防御的宝贵价值也得到了充分体现。这些高射炮算得上是二战期间新兴的人工智能领域的顶级成就，因为当时许多其他先进技术，如声呐（英国人称之为 ASDIC）和早期用于国防的远程预警雷达设备，仍高度依赖熟练技工读取数据并对结果进行筛选，然后从虚假信号和干扰信号中解析出有价值的信号。

此后，整个高射炮系统进一步被改良为电子机械综合性集成设备，新设备本质上的改进在于控制的精确化，高射炮能将其所处的实际位置以及接近目标位置的速度传输给计算机，这在信息工程术语上被称为"反馈"。

反馈是系统中的关键环节。二战前，大多数控制系统都是"指令"系统，控制理论家们称之为"开环"。其原理是操作者进行控制输入，如转动车床上切削工具的轮子将其移动至某个具体位置。控制系统的精度取决于系统的初始校准以及每个关节和连杆的精度，随着时间推移，精度会因为机械设备的连杆松动而逐步降低，这种现象通常被称作"背隙"或"回差"，但倘若能在机械设备或火炮上安装测量装置，及时准确地将信号发回给计算机，其性能将大大提升，这就是"反馈"。这意味着火炮虽有质量和惯性，但能够在接近目标时

SCR-584 雷达与高射炮：由双轮拖车和 4 吨牵引车组成的移动式中程微波高射炮瞄准装置（AA）。

装有 SCR-584 雷达的试验卡
车（XT-1）。

精准降速直至停稳，没有任何偏差，也不会出现超调或振荡。这与我
们伸手去拿水杯或鸡蛋时的原理一样，在抓取物体的过程中，位置传
感器（肌肉和肌腱中的本体感受器）十分精妙地控制手臂和手掌的活
动，调节移动速度，因此我们可以快速挥动手臂和手掌，也可以以超
高精度准确抓住易碎的物体。

　　诺伯特·维纳主要研究与火炮相关的数学问题，尤其关注针对目
标战机防御机制的统计预测。但对于更务实的控制工程师来说，维纳
所写的绝密的数学报告显得深奥晦涩。据说有人曾风趣而不无讽刺地
评论说：“报告的最佳用途就是在（我们）打完胜仗之后让敌人去慢慢
破解这些秘密。”

　　尽管饱受非议，维纳却做出了一个出乎控制工程师们意料的贡

诺伯特·维纳在麻省理工学院，20世纪50年代。

献。他敏锐地发现由雷达引导的火炮系统提供了一种研究人类以及其他生物的方法，即可利用传感和反馈对其进行控制。接着，他提出了建立控制论这门科学的构想——旨在研究有明确目标的机器中的传感、控制、通信及移动的网络。在维纳看来，控制论是一门崭新的生命科学，可用于研究社会、经济甚至精神疾病等方面的问题。[5]

他把高射炮系统看作一个模拟的生物有机体：具有感知系统（雷达）、大脑（计算机或预测器）和能自由摆动的手臂和手掌（大炮）。换言之，机械设备开始与生物系统融合，似乎能为生物学以及关于运动和控制的问题提供丰富的支撑。以该研究为契机，维纳开始与墨西哥神经生理学家阿图罗·罗森布鲁斯（Arturo Rosenblueth）合作，深入了解人体的神经控制与反馈机制，在二战后，他们仍继续开展了相关合作与研究。

在新型高射炮系统精细化改良的过程中，如何将雷达装置、计算 131
机、伺服电机以及所有机械元件整合成一体是个新难题。整个系统越
来越像个生物体，要是匹配不当，系统可能会出现信息失灵或发出毫
无价值的"振荡"。

这种现象引起了两位科学家的强烈关注，因为新机器中存在的问
题似乎反映了一些已知的人类神经疾病，如由某种脑损伤引起的"意
向性震颤"，表现为患者的手在靠近目标物体时会发生越来越明显的
抖动。维纳指出，这是"一种在寻找目标的过程中产生的振荡，且只
有当该过程被主动唤起时才会发生……比如病人伸手拿水杯时，手会
越抖越厉害，导致根本无法拿起杯子"。同时，维纳还留意到：

> 在某些方面，还有一种人体震颤与意向性震颤截然相反，这
> 就是通常所说的帕金森病（Parkinsonianism）。这和我们熟悉的
> 老年人震颤性麻痹非常相似，患者表现为静止性震颤，若症状较
> 轻，将仅在静止状态下出现震颤。当患者尝试接近某个明确的目
> 标物时，震颤将逐渐减缓，早期帕金森病患者甚至还具有成为一
> 名出色的眼科医生的潜质。[6]

这些人类神经疾病似乎映射了研发工程师们在防空项目开发期间
遇到的某些"火炮病"，如因反馈率过高或信号放大程度不当所导致
的故障。人体症状与机械装置问题之间的这些相似之处印证了控制论
才是真知灼见的源泉。为了对此进行深入研究，维纳与同事们共同制
作了人工动物，将其命名为"蛾"（Moth）和"臭虫"（Bedbug），
二者分别为寻光机器和避光机器，人们可通过电子方式调整其反馈和
放大模式，以展示任何类型的震颤。此外，美国陆军医疗队也曾对 132
"蛾"进行研究，并将其与人类的神经震颤病例进行比较。

　　诺伯特·维纳的父亲曾任哈佛大学斯拉夫语言文学系教授，十分专横，他从小就接受了父亲独创的旨在培养天才的教育。年仅 11 岁的维纳曾接受《纽约世界报》（*The World*）的采访，这篇采访题为《全世界最杰出的男孩》（"The Most Remarkable Boy in the World"），登载在报纸头版。后来，维纳成为哈佛大学历史上最年轻的博士，之后顺利进入剑桥大学三一学院并成为博士后研究员，导师是大名鼎鼎的伯特兰·罗素（Bertrand Russell）。维纳与罗素之间的相处并不融洽，罗素是当时英国数学哲学领域首屈一指的人物，他曾指责人们对维纳的纵容："维纳这位所谓的神童……这个年轻人目中无人、自以为是，他几乎把自己看成了万能的上帝！居然为了我们之间谁来教学而和我争执不休！"[7]

　　维纳也"非常讨厌罗素"，他在给家人的信中曾这样写道："我对这个人简直无比憎恶……在我来看，他的思维就像一台尖锐、冷酷又狭隘的逻辑机器，将宇宙整齐地切分为许多小块，每一块的长度……呃，大概只有 3 英寸。"[8]不过，总体来看，维纳对罗素的描述还是温和许多，他不仅称赞罗素为数理逻辑打下了坚实的基础，还温情地回忆说他"一如既往地像个'疯帽子'（Mad Hatter）①"。

　　维纳与罗森布鲁斯和工程师朱利安·毕格罗（Julian Bigelow）合作撰写了一篇题为《行为、目的和目的论》（"Behavior, Purpose and Teleology"）的论文，贡献了开创性见解，他们将这篇文章发表在了一本哲学期刊上，这极具挑战意味。[9]该论文颠覆性的核心观点是（当时）一些机器具有意图，其行为带有目的性。他们认为，"意图"并不独属于具有意识的生物，采用反馈控制的机器，如制导武器，也具有目的性。[10]

---

①　《爱丽丝梦游仙境》里的人物，性格怪诞、疯癫，为人直率而坦诚。——译者注

1948 年，《控制论，或关于在动物和机器中控制和通信的科学》（*Cybernetics; or, Control and Communication in the Animal and the Machine*，以下简称《控制论》）一书出版，维纳在书中对上述问题进行了全面而深刻的阐述。[11] 两年后，维纳再次对此展开深入分析，讨论了这些机器的内部信号系统，再度质疑了人类具有特殊性的观点，他断言：

> 语言并非人类独有的，而是人类可在一定程度上与其所建造 [133] 的机器所共享的……从某种意义上说，所有通信系统的终端都是机器，而普通的语言沟通系统的终端却是一种相当特殊的机器，也就是人类。[12]

这种说法可能会引发较大的争议。假如"语言"意味着思维实体之间的交流，那么"信息语言"的使用在哲学层面上显然站不住脚。例如，在火炮的火力控制问题上，我们为什么要用"信息"这个词，而不是坚持采用更严谨的术语，比如"误差信号"或"位置指示"？然而，维纳和其他控制论专家们却轻而易举地将语言和信息的概念成功引入了科学的其他分支和日常生活。无独有偶，1948 年，克劳德·香农（Claude Shannon）也介绍了其在信息研究领域的相关理论成果，他认为，这仅仅是"迈出了一小步，将信息视作一种无形的流体，它可在不同基底之间流动，其意义或形式却不会消失"。[13]

在某种程度上，通过这项新研究以及战时维纳对代码、密码以及信号传输与处理的研究积累，信息语言同样迅速传播至生物学领域，战后分子生物学的繁荣发展就是由信息理论推动的。例如，在针对 DNA 结构及其在遗传编码中的功能这一问题的研究中，显然带有信息科学和控制论的色彩。[14]

后来，以莉莉·凯（Lily Kay）为首的某些作家开始质疑语言隐喻在机械、化学和生物领域的常规使用，提出"缺乏人类主体或语义的语言意义问题"，并引用了遗传学家菲利普·里泰尔（Philippe L'Héritier）的批判："作为一种符号语言，人类语言以谈话对象和具有理解功能的大脑为前提，而遗传语言除了分子之间的信息传递便一无所有……甚至'信息传递'也只是隐喻。"[15]

134　　然而，在分子生物学领域，信息语言依旧极富吸引力（如今甚至已进入量子物理学领域），眼下恐怕只有学究才会质疑"指令"和"语言"，甚至"意图"等与机器相关的术语及其合理性。[16]归根结底，判断这些术语恰当与否并非基于智力或哲学层面，而是出于共识或认可。

发射控制论

维纳认为，控制论可普遍应用于一切复杂系统。该理论曾在一段时期内产生重大影响，预示了一场精神病学革命，一门崭新的、关于思维和意识的科学的诞生，以及一种理解社会组织、商业模式和国家政治的方式。在博学的神经病学家沃伦·麦卡洛克（Warren McCulloch）的帮助下，维纳四处游历，写了大量文章。[17]

还在位于费城附近的哈弗福德学院（Haverford College）求学时，有人问麦卡洛克想取得什么样的学术成就，他回答说自己只想弄清楚一个问题："人所能了解的数字是什么？又是什么人才能了解数字？"他的老师，贵格会①哲学家鲁弗斯·琼斯（Rufus Jones）教授回答道："朋友，只要一息尚存，你就会忙碌终生。"随着心理学和神

---

① 　贵格会（Quaker）是基督新教的一个教派，又称教友派或者公谊会，成立于 17 世纪，创始人为乔治·福克斯（George Fox）。——译者注

经生理学的发展，麦卡洛克开始专攻震颤和帕金森病的临床研究，指出放大器中的反馈可能是大脑功能的模型，同时他还深入了解了新兴的信息论。1943 年，麦卡洛克偶然读到由剑桥大学心理学家兼哲学家肯尼思·克雷克（Kenneth Craik）所著的《解释的本质》（*The Nature of Explanation*）一书，感叹道："我读了这本书五遍，才理解爱因斯坦为什么宣称这是一本伟大的著作。"

于是，麦卡洛克开始从神经网络的角度研究大脑，发现神经元以二进制方式运行，要么静止，要么"发射"电压脉冲，这与新兴的数字计算机世界的核心、作为开关装置的逻辑门之间存在共通之处。大约在 1941 年，他与诺伯特·维纳相识，"对维纳在神经生理学领域所展示的严谨学识、尖锐批判以及清晰思维感到惊讶不已。维纳谈到各种各样的计算方式，还对我将大脑视作数字计算机的初步推定深感高兴"。[18]

麦卡洛克对新颖的控制论观点非常感兴趣，他宣称："我们的冒险其实是个伟大的异端邪说。我们试图将认识者想象成一台运算机器。"[19] 他还傲慢地指出：

　　　　就连痴迷于弄清楚思想和大脑内部的分子运动之间的关系的詹姆斯·克莱克·麦克斯韦（James Clerk Maxwell）也曾以这样的金句中止了自己的探寻："但通往它的路不就在形而上学者的巢穴里吗？那里散落着探险先驱们的尸骨，被每位科学工作者所憎恶。"[20]

在控制论的创立者们看来，它是一门前途无量的全新生命科学，维纳和麦卡洛克标新立异地将"实验认识论系"（The Department of Experimental Epistemology）这个牌子挂在他们在麻省理工学院的办

晚年的沃伦·麦卡洛克。

公室外，暗讽哲学是多余的。知识、感觉、知觉和意图等古老的问题
都能通过实验机器、电子阀门、电路模型和计算机解决了。

　　麦卡洛克堪称控制论领域的第二位先知，曾在纽约组织由颇具
影响力的梅西基金会（Macy Foundation）赞助的系列学术会议以推
广控制论（会议从 1944 年持续到 1953 年）。他也是美国控制论学
会（American Cybernetic Society）的第一任主席，虽然有传言说
艾伦·图灵（Alan Turing）认为他是个骗子，但他的论文仍被视作认
知科学这一新兴领域的经典。作为研究精神活动的辅助手段，他还对
"心理微粒"（psychon）的概念进行了实验。作为一种原子类似物，
"心理微粒"是一种不可削减的精神活动量子，即"最简单的精神行
为"。有趣的是，脑成像领域近年来虽取得了一些进展，却仍未发现
如此原子化的物质。

英国控制论与比率俱乐部

　　虽然控制论作为一项美国发明横空问世，但在英国，生物学家和神经生理学家已经开始与物理学家以及工程师合作研究火炮瞄准、导航以及雷达和电子系统等问题，"信息"一词早已被赋予了特殊且带有技术色彩的含义。

　　令人惋惜的是，不曾有人敢于（这个词尤其适用于维纳）将战争中的深刻见解命名为一门新的科学并加以推广。在英国，与维纳最相似的人或许当属前面提到的才华横溢的苏格兰心理学家克雷克。他早期从事认知心理学研究，也曾是一名哲学家，后因战争需要参与了人机交互系统研究。众所周知，他的研究曾给麦卡洛克留下深刻印象，不幸的是，他因一场自行车事故于战争结束前夕在剑桥意外逝世。[21]

　　维纳的《控制论》大获成功，这在一定程度上激起了伦敦神经病学家约翰·贝茨（John Bates）的不满。他曾与克雷克一同进行战争研究，1949 年，他开始为一家专门探讨控制论的餐饮俱乐部做宣传，这家著名的"比率俱乐部"（Ratio Club）位于布鲁姆斯伯里（Bloomsbury）皇后广场的国家神经疾病医院内。贝茨在给一位准会员的信中提到：

　　　　您也许会对我正在组建的、讨论"控制论"的餐饮俱乐部感兴趣，在谈论学术观点的同时，您亦可在此畅饮，享用美食。我设想的会员门槛较高……其中一部分会员是对电子领域有一定了解的生理学家和心理学家，另一部分会员是有一定生物学研究基础的通信理论家和电子专家。这些会员都在维纳的《控制论》一书问世前就已对"控制论"有所思考。[22]

　　贝茨还反思说："迄今为止，那些受控制论观点影响的人并不会特别感激维纳，虽然维纳率先将众多相关观点整理成书，然而对于许多在战争期间就接触了各种工程的生物学领域的工作者来说，这些理论不过是常识。"[23]

　　诚然，贝茨这番话具有反美主义色彩——或许是出于嫉妒美国学者维纳的名望及其充足的研究资金。俱乐部成立伊始，曾举行了一次会议，专门邀请维纳的同事麦卡洛克作为嘉宾出席，然而，贝茨却在写给俱乐部重要成员、电生理学家格雷·沃尔特（Grey Walter）的信中评论道：

从左到右：W. 罗斯·艾什比（W. Ross Ashby）、沃伦·麦卡洛克、格雷·沃尔特、诺伯特·维纳。在 1951 年 1 月巴黎召开的一次控制论会议上。皮埃尔·拉蒂尔（Pierre de Latil）在《机器思维》（*La Pensée artificielle*, 1953）一书中将这张照片称为"控制论四大先驱"（The four pioneers of cybernetics）。

> 看来我对麦卡洛克期望过高了，对他颇为失望。有可能是我发现美国人并没有他们自己认为的那么聪明；也有可能是我在6个场合中听了他的发言后发现……他所谓的见地不过是鹦鹉学舌，都是些华而不实的东西！[24]

维纳本人有次曾亲自拜访沃尔特，然而这未能打动他。沃尔特 [138] 写道：

> 昨天，维纳教授拜访了我们……呃……我发现他的观点太晦涩了，很难让人理解，但他却能代表包括麦卡洛克和罗森布鲁斯在内的庞大的美国学术群体。他们的思维方式和克雷克十分相似，相比之下却显然缺乏活力和幽默感。[25]

比率俱乐部有力地推动了英国战后的科研，影响了众多学科的发展。会员中还包括艾伦·图灵和活跃于英国机载雷达研究领域的约翰·普林格尔（John Pringle）。对普林格尔而言，"比率俱乐部是独一无二的……它令我在战后重返生物研究，堪称无价之宝"。[26]重返动物学领域后，他首次成功记录了昆虫微小的神经发出的电信号，这一精彩的实验再次凸显了战时国防电子学和战后基础研究领域之间的密切联系。

人造生命：乌龟与大脑

1951年8月某日，艾伦·图灵和他的好友罗宾·甘迪（Robin Gandy）及其他剑桥的同事们一同前往参加英国艺术节（Festival of Britain）。他们先参观了作为艺术节科技展区的南肯辛顿（South Kensington）的科学博物馆。参观时，他们被神经学家、比率俱乐部会员沃尔特研发的机器"乌龟"逗乐了。这两只乌龟名叫"埃尔西"（Elsie）和"埃尔默"（Elmer），像笨手笨脚的"原型机器人"，每只都装了灯和感光器，当它们透过围栏看到彼此时便会笨拙地一起跳舞。参观那天它们的反应特别迟钝，甘迪笑称埃尔默看起来就像得了麻痹性痴呆（一种梅毒晚期患者的症状）。

139　　　这两台机器的电路非常简单，体现了其发明者的理念，即战时电子学的发展使制造智能的、反应灵敏的、带有"控制论"色彩的机器成为可能，并且人类智能（human intelligence）将很快被人们理解。不得不承认的是，在正常状态下，这两只乌龟似乎已经能够做出相当惊人的与人类相似的行为，沃尔特据此深信大脑的复杂性"也并非想象中那么大"。[27]

　　　在英国，沃尔特在宣传人工智能和发展控制论方面做出了特殊贡

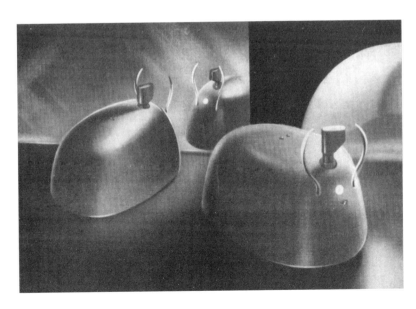

格雷·沃尔特的"乌龟"，"机械'动物'可自动寻光"。图片出自1951年英国艺术节展览目录。

格雷·沃尔特实验室的英国皇家空军 Gee 导航系统的显示装置。摄于 1946 年 9 月。沃尔特改良了这种战后军用剩余装备，以显示大脑的精密电活动。

献。有别于英国科学界通常所展现的"深植于文化中的客观性"，沃尔特体现了多元化的特质，他"是一个传奇人物，就像一名不断进行角色转换且充满激情的冒险家，这些角色包括机器人领域的先驱、军队爆破专家、电视评论员、药物试验者……以及拥护脑白质切除术和电休克疗法的无政府工团主义者"。[28]

除了发展控制论，沃尔特的主要贡献还包括发明脑电图。作为一名实验专家和电子设备设计师，他开发了用 α 波和 θ 波记录大脑电活动并进行分类的技术。他还擅长改装电子设备。二战后，许多以往罕见且昂贵的设备都因战后政府战备物资剩余变得廉价易得，如用于显示波形、电压和瞬态电活动的阴极射线示波器。沃尔特对这些设备进行了改造，并观察得出"当前用于研究大脑活动的器械含有许多战争期间用来开发雷达设施的零件和设备"的结论。[29]

然而，战时电子学的支配领域远远超出了技术范畴，这似乎为大脑令人费解的电活动从机械学的角度提供了解释。沃尔特受到雷达

140

无壳"乌龟"的内部装置。
1950 年左右摄于布尔登神经学
研究所（Burden Neurological
Institute）。

141　的直接启发，指出阿尔法波是大脑中的一种扫描过程，并利用其"乌龟"的视觉系统对此进行了深入研究。

　　这些带有两个传感器并由小型电池驱动的三轮装置看起来更像玩具。然而，在控制论研究中，它们是沃尔特在仿人类智能和行为研究领域的电子论据。他所说的"扫描"是通过在旋转的垂直轴顶端安装一个传感器（光电池）来实现的，轴的底端装有单个前舵轮。当光电池和轮了一起旋转时，后轮驱动装置前后移动，使机器不断循环滚动，直至机器"看到"一个光源，光电池将立即停止旋转，并给机器发送一个目的地。一旦接触障碍物，龟壳下的开关将会关闭，乌龟就会反向运动。因此，乌龟的行为是在两种内置特性的持续变化的组合——对光的吸引力和对接触的排斥下产生的。

142　　　两只"乌龟"都具备追光功能，通过后退来躲避障碍物。电量不足时，埃尔西甚至能够自动进入一个"笼子"充电。由于身上都装有灯，两只乌龟能够互相吸引，却永远无法实现在一起的"愿望"：物理接触产生的阻力会令双方后退，从而构成吸引与排斥的循环，产生奇妙的、永不停歇的舞蹈，只有当更具吸引力的外部光源出现时，它们才会停下来去追逐新目标。

沃尔特指出，这种徒劳的求偶舞是"相互识别"的证明。一只乌龟即使在镜子前也会做出同样的行为，因为其自带的光会产生反射并通过光电池吸引自己。当然，撞到镜子时它也会后退，进而产生上述的吸引与排斥的循环，往复不止，"就像愚蠢的纳西索斯①一样，忽隐忽现、叽叽喳喳、蹦蹦跳跳"。沃尔特称，倘若在动物身上观察到这种行为，"这或将证明某种程度的自我意识"。[30]

和维纳一样，沃尔特也将他发明的机器人应用到空中袭击和武器领域，对此，他回忆道：

> 研发能自主搜寻目标的机械设备的初步构思可追溯至战时我
> 与心理学家肯尼思·克雷克的谈话……那时，能追踪目标的导弹
> 已在空军广泛使用，我们大脑中的扫描机制也是如此……这两个
> 想法……一旦结合起来便成为一个工作模型的基本机械概念，其
> 行为可能类似于某种构造简单的动物。[31]

这两只乌龟使沃尔特的知名度迅速飙升，媒体对此进行了大量报道。法国作家皮埃尔·拉蒂尔（Pierre de Latil）记录了当时在英国兴起的研究控制论的热潮，他曾在位于布里斯托附近的沃尔特家中有幸一睹它们的风采：

---

① 纳西索斯是希腊神话中最俊美的男子。他在水中发现了自己的影子，陷入爱河，在赴水求欢时溺水死亡。——译者注

143　　　　埃尔西像个真的动物一样四处走动……我将它关在一个被家具包围的角落里，但它通过不断地撞击，后退，再撞击，再后退，竟然找到了出去的路……

　　　　沃尔特跟我说："我们不能让她饿着。"……地上有个笼子，里面装有一盏很亮的照明灯。埃尔西立刻跑了过去……微弱的"咔嚓"声响起后，埃尔西停了下来……它靠在笼子背面的触点上……沃尔特解释道："她正拿起自己补充能量的瓶子。"[32]

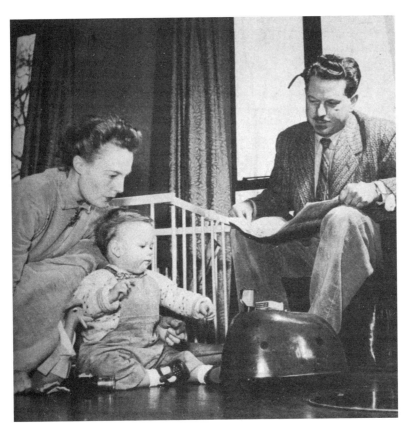

格雷·沃尔特、薇薇安·多威（Vivian Dovey）夫妇和他们的儿子蒂莫西（Timothy）。皮埃尔·拉蒂尔在《用机器进行思考》（*Thinking by Machine,* 1953）一书中写道："在布里斯托附近的乡间住宅里，这对夫妻养育了两个小孩：其中一个是电子儿童……蒂莫西对他的'机器妹妹'十分关心。"

机器魔术师：格雷·沃尔特和埃尔默、埃尔西在客厅。摄于1950年4月。他给诺伯特·维纳写信说："我们在乌龟身上添加了一些特征……令（乌龟）产生……探索宇宙和道德的观念，以及纯粹的'向性'反应。"《生活》（*Life*）杂志的记者拉里·伯罗斯（Larry Burrows）将点燃的蜡烛分别放在两只乌龟身上，采用长曝光摄影法成功地捕捉了其循环路径。

沃尔特常常有意把他的宝贝乌龟拟人化，以这种修辞来暗示，它们虽仅由开关、电池、电动机和导线组成，但人类本质上也是如此。埃尔西也有食欲，她会回到笼子里给自己充电。沃尔特还指出，这两只乌龟不仅能模拟动物的行为，各自还被赋予了不同的精神状态和个性：

　　埃尔西常常被一种极其不稳定的、女性化的思维模式折磨，她的调节机制非常敏感……因此总是跑来跑去，试图找到理想的

144

状态，结果电池很快就耗尽了。反观埃尔默，其性格倒是非常稳重老成……沃尔特却说："他的反应太迟钝了，看上去死气沉沉的，经常好几天都不在家具之间活动一下；我得让他活跃一点才能变得更聪明。你也知道，聪明人往往都是暴脾气，就像收音机的频道一旦调得太精确就会失去稳定。"[33]

性别、易怒水平、敏感程度、智力甚至精神疾病这些概念之间的关联虽然看似奇怪且生硬，但在控制论的早期发展阶段，它们常常被放在一起讨论。当今世界，电子设备不仅具有高度的稳定性，还能自我校正。二战期间，科研人员在电子军备竞赛中花费了多年时间生产功率更高、波长更短的设备，将电子工艺推向了顶峰。[34] 比率俱乐部的会员们对复杂电子设备的小毛病以及不稳定性非常了解，因此在当时，沃尔特的比喻可谓十分恰当。然而，这仍然是一个奇怪的表达，既是对一个高度调和又非常睿智的思想家的奉承，又体现了对他的体谅，也许正是格雷·沃尔特本人的写照。

W. 罗斯·艾什比和"同态调节器"

显然，沃尔特的乌龟旨在说服人们接受关于智能的机械论观点。通过语言描述，沃尔特强化了对精神实质及乌龟近似人工生命的论述，他根据林奈的双名命名法① 为它们仿造了一个拉丁名字：Machina speculatrix。他认为，乌龟与其年幼的儿子蒂莫西之间具有共同点，他把儿子的诞生描述为"雄性同态调节器的诞生，我已经迫

---

① 瑞典植物学家林奈发明了拉丁语双名命名法，物种学名由两个部分构成：属名和种加词（种小名）。属名由拉丁语法化的名词形成，首字母须大写；种加词是拉丁文中的形容词，首字母小写。——译者注

不及待地想要投入新角色了"。[35]

　　有趣的是，继沃尔特的乌龟一举成名后，一种不同类型的仿
真机器也在位于格洛斯特市（Gloucester）的"巴恩伍德之家"
（Barnwood House）这一科研机构中诞生了，制造者是沃尔特的同
事、控制论先驱及精神病学家 W. 罗斯·艾什比，他在 1947 年至
1959 年曾担任该机构的研究部门负责人。

　　与"乌龟秀"的戏剧性相比，艾什比的"同态调节器"是更为
低调精细的控制论装置，唯有精通电子学的专业人士才能充分理解其
原理。"同态调节器"的设计理念是模拟生物在应对外界挑战和环境
变化时保持自身平衡的现象。有趣的是，这两个设备——"乌龟"和
"同态调节器"——也反映了各自发明者的性格。前者令人惊奇、备
受瞩目，而后者则反映了艾什比沉默寡言的性格和典型的学术气质。

W. 罗斯·艾什比的"同态调
节器"。

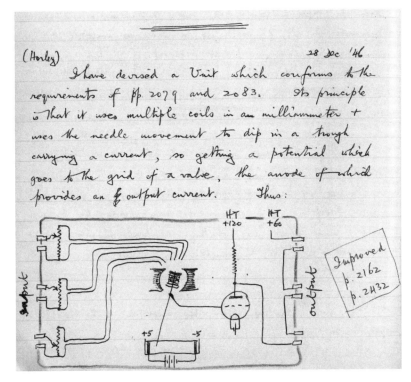

W. 罗斯·艾什比笔记本中的"同态调节器"电路草图。绘于1946年12月28日。

"同态调节器"是相当复杂的电子组件，其制作材料是从战后军队剩
147 余的电子设备中挑选出来的，由四个电子子单元组成（据说是前皇家
空军炸弹的开关控制设备），每个子单元上方都有一块可旋转的磁铁，
用于"输出"或显示。在线圈电磁铁的影响下，这些磁铁如同指南针
一般依照特定方向排列。

　　参观者通过在某个子单元中的电路内外切换电阻、改变甚至反转
电压等方式刺激机器，短暂回转后，该单元上的电磁铁总能在合适的
位置上稳定下来，此时，其他电磁铁却微微转动着，仿佛是其他三个
相互关联的单元共同稳定了目标单元。

　　今时今日，我们似乎很难理解这台机器在当时为何如此振奋人

心。当时它用途不大，但却引起了生物学家的共鸣，因为体内平衡，也就是自我调节，是生理学的关键概念和生命的基本属性之一。

　　非科研人员当然要经过发明者解释后才能理解这台机器的重要意义，不过他们最终都被说服了。二战期间，雷达及电子学领域的科研人员一直努力攻克电路中普遍存在的不稳定难题，因此，"同态调节器"中电路特有的稳定性令人惊叹，受到了高度关注。例如，《每日先驱报》（*Daily Herald*）曾刊登了一篇相关文章，夸张地称赞艾什比那"不停运转的大脑比普通人类更聪明"。[36] 对致力于以控制论和硬件为依托的新实验哲学领域的诺伯特·维纳而言，"同态调节器"堪称"当今最伟大的哲学贡献之一"。[37]

控制论与精神病学

　　艾什比和沃尔特二人都曾出于研究需要联系过位于布里斯托附近的"巴恩伍德之家"，这家研究所于 19 世纪创立，最初为一家私立精神病院。1939 年，德国精神病学家洛塔尔·卡里诺夫斯基（Lothar Kalinowsky）在五位病人身上使用了电休克疗法（electroconvulsive therapy，ECT），他曾在罗马和该疗法的创始人乌戈·塞雷蒂（Ugo Cerletti）一起工作过。此后，第一份关于电休克疗法的报告在英国发表，格雷·沃尔特也为此做了不少贡献。[38]

　　因此，电休克疗法虽先于控制论诞生，但它很快就演变为彻底的控制论疗法。事实上，控制论似乎为其自身以及当时"精神疾病的'英雄疗法'"的其他相关技术提供了合理解释。诺伯特·维纳在《控制论》的"控制论与精神病理学"（Cybernetics and Psychopathology）一章中指出："意识到大脑和运算机器之间存在许多共同点或将为精神病理学甚至精神病学提供崭新且有效的治疗手段。"[39]

　　他还说，"精神病理学令原本相信唯物主义的医生们大失所望"，因为在大多数精神疾病中都难以发现结构或组织的变化。"他们无法识别精神分裂症、躁郁症以及偏执型人格障碍患者的大脑。"

149　　　维纳称："因为对应大脑的并非运算机器那空洞的实体结构……而是这种结构和它收到的指令的结合……以及……从外部存储和获取的额外信息。"他认为，精神问题其实就是软件问题（用一个后来出现的计算机术语来打比方），在大脑中，"指令"以"具有物质基础的循环记忆的形式存储，关机后这些记忆就会消失"。这很像早期的计算机记忆系统，如水银延迟线存储器和阴极射线示波管存储器（也称"威廉管存储器"），它们都是活跃的电子中继系统。在维纳看来，精神疾病即记忆疾病，其中，负面或"特殊"的记忆——神经焦虑——会持续循环并侵入越来越多的神经元，因此"患者或许根本没有充足的空间，即足够数量的神经元来进行正常思考"。[40]

　　因此，精神疾病治疗采用的方法就好比维纳修复他熟悉的电子设备（如高射炮系统中的雷达装置和计算机）所采用的特殊机械技巧：

> 首先，清空机器中的所有信息，（关机），但愿重启能刷新数据，不再出现同样的问题。要是失败了……那就晃动机器试试，如果是电路问题，还可以通过超强电脉冲刺激，尝试深入此前难以接触到的位置，终止错误循环。

　　对维纳来说，当时用于治疗精神疾病的各种休克疗法，包括由使用胰岛素、戊四氮和电休克疗法所引起的药物性昏迷，都可视作类似于"'晃动机器'的……用于打破精神恶性循环的暴力的并难以完全理解和控制的"方法。[41]

150　　　艾什比并未直接将机器电路和大脑进行对比，但他也曾探讨过

"关机、重启"，或让机器经受"短暂的最大电脉冲"等问题。[42] 然而，在他看来，稳定性才是更大的难题，即"同态调节器"所模拟的生物基本特征。他认为，治疗就像两个稳定实体之间的竞争，"治疗师将意志强加于病人，就像某种形式的战争"，并在日志中称之为"闪电战疗法"（Blitz treatment），该疗法综合使用了电休克、催眠和迷幻药等治疗手段，目的在于通过"猛烈击打，看看会发生什么"。[43]

世界机器和"政府机器"

在一段时期内，控制论产生了巨大影响，仿佛实现了维纳等科学家所期盼的精神病学革命。精神病学是有关思维和意识的科学，也是一种理解社会组织、商业模式和国家政治的途径。由此，艾什比见证了从"同态调节器"到"机器政府"的跨越，在"机器政府"中，"所罗门①式的计算机"将取代争吵不休的政客，做出理性且能被普遍接受的决策，艾什比称："未来的机器或将能够探索人类智能无法想象的相当复杂且微妙的领域。"[44]

艾什比的世界政府机器将被装入大量统计数据和科学事实："人类将不得不臣服于新的'女巫们'，完全无须尝试理解它们，日复一日，机器将所向披靡……机器将统治制造它们的专家，而专家则以神圣而不可侵犯且万无一失的机器的名义统治大众。"[45]

相比计算科学领域的同事们，艾什比似乎更了解计算的轨迹，他预见了真正的人工智能（AI）和"智能机器"的出现，并声称它们将解决"时常困扰着专家的"经济和政治问题：

---

①　所罗门，古以色列联合王国的第三任君主，《旧约·列王纪》称他有非凡的智慧。—— 译者注

例如，为了给黄油定价，当局必须考虑各种因素：净成本，产量，消费者购买力，针对生产者、批发商和零售商的政策，政党和工会的需求，国际市场的要求，等等。(这样的机器)能把工作完成得和政府官员们一样出色。[46]

在世界政府机器的未来主义出现后，这台"黄油机"似乎本应像那些迄今为止最新和最复杂的计算机一样，承担一项卑微的职责。然而，"黄油机"在战后世界的管理模式中地位稳固，世界政府机器对控制论应用的背景有深刻洞见。英国政府在战时曾进行一丝不苟的统筹，体现在对所有物资的规划、生产及供应上。泰勒(A.J.P. Taylor)曾赞美道，这个统筹机制规模之大，远远超过苏联当时和英国战后的相关机制，其中大部分统筹组织都被保留并为工党和保守党政府所沿用。英国政府曾设立"鸡蛋经销管理局"(Egg Marketing Board)、"土豆经销管理局"(Potato Marketing Board)和"牛奶经销管理局"(Milk Marketing Board)，它们实际上负责调节黄油价格，虽然这个过程当时还未能通过计算机进行。[47]

无论如何，"政府机器"终于诞生了。斯塔福德·比尔(Stafford Beer)是一位极具影响力的第二代英国控制论专家。1972年，他使用"赛博协同"(Cybersyn)计算机信息系统在智利实现联网，对该国的生产与分配进行管理。[48]随着当时智利总统萨尔瓦多·阿连德(Salvador Allende)领导的政权垮台和他的逝世，"赛博协同"系统也被废除，因为新的领导人奥古斯托·皮诺切特(Augusto Pinochet)和他的右翼军政府似乎未能意识到所接管的这个综合信息系统的重要价值。

斯塔福德·比尔是一名著名的控制论专家兼管理顾问，其代表作为1972年出版的《企业的大脑》(The Brain of the Firm)，他在书中斯塔福德·比尔于1961年协助创立了适马股份有限公司（SIGMA），并在该企业任名流管理顾问一职。

将人类神经系统看作人类社会组织、企业以及政府的模型。早在启程前往智利前，他已长期关注各种组织结构中无处不在的智能问题。

1964 年，英国广播公司（BBC）的杰拉尔德·利奇（Gerald Leach）认为，当时的一些科学想法可以成为 BBC 新推出的科学节目《监控者》（*Monitor*）的不错选题。对此，他写道：

> 二战期间，运筹学（简称"O.R."）取得了飞速发展。15 年后，在计算机技术的支持下，运筹学研究者们声称他们自己加上计算机就能取代政治家。（当时，斯塔福德·比尔向科学部提交了一份完整的国家治理计划，其中完全排除政治家们——反正科学部大概是这么告诉我的。）比尔将如何做呢？这里还有一份内阁部长的回复。[49]

结果，这个节目计划泡汤了。

思维过程的机械化

在英国，控制论运动造成的影响之一就是令人工智能的概念广泛传播甚至使之成为可能。1958 年，国家物理实验室（National Physical Laboratory）举办了一场研讨会，其主题"思维过程的机械化"（"The Mechanisation of Thought Processes"）象征着时代精神、乐观主义与活力。会议吸引了众多比率俱乐部的成员和来自美国和苏联的诸多代表。演讲者包括 W. 罗斯·艾什比、沃伦·麦卡洛克和许多人工智能领域的未来之星，如麻省理工学院的马文·明斯基（Marvin Minsky）、约翰·麦卡锡（John McCarthy）和奥利弗·塞弗里奇（Oliver Selfridge）。

153 几年后，英国取得了一项重要进展——爱丁堡大学建立了机器智能学院。该学院最初为一个系，由唐纳德·米奇（Donald Michie）创立，这位博学的计算机科学家上的第一所"大学"是二战期间的布莱切利公园（Bletchley Park）密码破译中心，当时，他从拉格比公学毕业后直接被招募到了该中心。

机器智能系研究小组的一个重点项目是设计一个名为"弗雷迪"（Freddy）的机器人，使之能够识别并组装台面上散落的零件。实验中研究小组使用了简易船模型和车模型的部件，但制作弗雷迪的目标是引导更多通用机器人执行操作和组装任务，它们能够识别工业环境中的复杂零件，无论这些零件是什么样的，机器人都能以正确的顺序和方向对其进行组装。

到了 1970 年，弗雷迪通过连续操作艾略特 4130 计算机（Elliott 4130 computer），能在约 16 小时内组装好模型。虽说这项工作一
154 个 5 岁小孩可能半小时左右就能完成，但对机器人而言仍是一项非凡

机器人弗雷迪拥有能深度感
知的双眼视觉，还有一只用
于拾取和放置零件的钳子。
图中的弗雷迪二代（Freddy
II）是一个后来重新制作的模
型，如今存放于苏格兰国家
博物馆（National Museum of
Scotland）。

的成就，并说明了人工智能的一个关键问题：机器要"懂得"多少知
识才能在世界上运行？早期实验迅速暴露了一个问题：无论物体以何
种方式摆放，即使是拥有良好双眼视觉系统的机器人，识别物体对它
们来说也是个挑战。人类的行为受潜意识影响，且人类在生活中也已
学到不少有关物质世界的知识。人工智能领域的实验人员再次印证了
肯尼思·克雷克的观点：需要为机器在世界上的行为构建心智模型。[50]
难点在于这种新的电子大脑需要建立强大的知识储备，这台在爱丁堡
运行了 16 小时的计算机"引发了一个十分有趣的问题：我们是否仅
仅需要攻克制造出功能更强大的计算机这一无法回避的难题，还是有
另一种成本更低的计算方法来解决这个问题"。[51] 控制论的精髓在于

机器开发人员可通过深入分析人类和动物的行为实现这一目标。格雷·沃尔特的"乌龟"身上的电路非常简单，却能产生出人意料的行为，这不正是模拟感知、决策和性能等复杂属性的线索吗？

　　大约 1972 年，在爱丁堡大学机器智能系的一场讲座中，杰克·古德（Jack Good）阐述了这一问题，其方法虽尚未成体系，却震撼人心。古德是二战后人工智能领域的先驱之一（和唐纳德·米奇一样，他也曾是布莱切利公园密码破译中心的破译员），他以板球（或棒球）比赛中外野手的接球方式为例，极具启发性地阐述了一台成熟的、由计算机操控的机器人接球所需要测量和计算的数据：要在球落下时处在正确的位置，必须反复测量球的速度和位置来计算其减速、轨迹和落地位置，同时还需辅以与外野手自身运动和加速度相关的计算。古德称，对一个人类外野手来说，这个问题非常简单："如果球在上升就向后跑，如果球正下落就朝着球跑。"基于这个计算程序，古德假设的机器人，即板球外野手，理应到达正确位置。然而，与严谨的控制程序不同的是，机器人缺乏实在物理定律的内在表达：它既不"知道"，也无须知道牛顿运动定律。[52]

　　这是一个说明控制论方法优缺点的绝佳案例，具有深刻的洞察力，也十分有诱惑力，提供了一条令人惊叹的捷径。在新兴的大型计算机世界里，工作人员需要通宵达旦、不遗余力地编写冗长的程序，这样的见解虽发人深省、鼓舞人心，但也许对某些人而言，这条捷径显得有点华而不实。

　　在人工智能领域，古德倡导的方法是"烦锁"派的缩影，与"简洁"派相对立。"简洁"派力求编程解决方案清晰明了，具有严谨的数学计算过程；"烦锁"派却想尽可能尝试更多可能性，通过编写、观察实验程序，对其不断进行调整甚至模拟黑客攻击，直至程序正确运行。"烦锁"派的方法需了解大量有关智能性能的知识，否则就无法构建正式的解决方案，板球外野手案例就是该方法的一个完美例证。[53]

当然，古德忽略了许多因素，虽然我们确实经常使用球在视野中处于上升还是下降作为行为提示，但他并未讨论人类在这个看似简单的接球过程中做出的其他预判，尤其是在当球超出直视范围时的那几毫秒，人类完全依靠直觉经验进行推断。那么，外野手如何依靠直觉准确地伸手抓住位于头顶上方或膝盖高度的球呢？

我们可以把这个思想实验看作一个寓言，它揭示了人类（以及动

1966 年 3 月，弗雷德·奥德威（Fred Ordway）（左）和杰克·古德（右）在英国赫特福德郡（Hertfordshire）的《2001: 太空漫游》（2001: A Space Odyssey）拍摄现场。拍摄期间，古德担任斯坦利·库布里克（Stanley Kubrick）的科学顾问。

物）行为的难以控制、神秘莫测，因为在现实世界中，行为绝不是看起来那么简单的。当今，"烦锁"派与"简洁"派的对立已经消解，大多数方法都是两种观点的结合体，既简便、富有启发性，又具有理论洞察力。不过，机器人板球外野手始终未能问世，当我们试图用机器模拟这些反应性行为时，会发现人的行为既复杂又奇妙，正如神经哲学家帕特里夏·丘奇兰德（Patricia Churchland）所描述的："人类的行为同意识本身一样玄妙。"[54]

因此，回顾古德的板球外野手理论，似乎给人这样一种感觉：真实、系统化的控制论科学是不存在的，它仅仅是一群极富创造力的人的独到见解。事实证明，追求拟人的或至少智能的、有反应的行为，会遇到很多板球外野手理论这种捷径思维解决不了的问题。例如，机器人弗雷迪需要识别所看到的各种零件。[55] 当然，它还需要"知道"最终组装效果，如汽车和船到底长什么样。此外，他还需了解"几何学"，从而掌握一套空间规则来理解台面这个微观世界，识别所有零件并将其按正确的方向重新摆放与对齐。

机器人弗雷迪将研究人员带入了模式识别和数学建模的新世界，这本质上也和基于理性的哲学思辨的旧世界相差无几。真正的自动机器人必须重新学习或再现智能生物的模型制作、感知、判断和学习过程（事实证明这项任务十分艰巨）。在这个错综复杂、极富挑战性且由智能主导的新世界中，类似于杰克·古德的板球外野手理论这样的巧妙捷径少之又少，人工智能爱好者们的期望无法在短期内快速达成。对此，怀疑论者已做好准备，并将毫不留情地对此进行抨击。

莱特希尔报告

20 世纪 70 年代初，英国科学研究委员会（Science Research

Council）关注到一个情况：各种人工智能和计算机科学学术组织申请资助的数量惊人。于是，委员会委托应用数学家、位于法恩伯勒（Farnborough）的皇家航空研究院（Royal Aircraft Establishment）前负责人詹姆斯·莱特希尔（James Lighthill）撰写一份报告。当时，爱丁堡的学术团体正希望获得充足的资金，以购买一台功能更强大、更先进的计算机。

　　或许是受到哲学家休伯特·德雷福斯（Hubert Dreyfus）于1965年发表的极具争议性的报告——《炼金术与人工智能》（"Alchemy and AI"）的影响，莱特希尔对人工智能持强烈怀疑态度。在麻省理工学院时，德雷福斯受美国兰德公司（Rand Corporation）委托参与人工智能相关研究，其研究报告一经发表便引起轰动。他认为，人工智能是种虚假陈述且过分乐观。思想与计算不同，人类拥有"歧义容忍度"、潜意识本能等属性，其精神活动不能被当作规范的数字符号来处理，也不能通过数字符号进行模拟；神经元并非"开关"装置（如麦卡洛克所言），它拥有复杂的特征状态。人类的行为极其微妙，德雷福斯的看法更符合海德格尔（Martin Heidegger）的现象学和心灵哲学的观点，其方法与人工智能研究者的机械论和还原论之间存在本质的不同。[56]

　　让我们把目光重新投向1972年的英国，当时的莱特希尔发表了一份报告，声称对人工智能和机器人的前景持高度怀疑态度。和德雷福斯一样，他也认为该领域的研究者们一直眼高手低，他通过观察得出结论："在非常简单的问题情境中实现良好的手眼协调的难度比想象的大得多。"同时，他反思道，迄今为止的研究成果"成为一项人类成就的可能性微乎其微"。机器人弗雷迪的组装表演丝毫未动摇他的判断，因为他看过弗雷迪工作的影片，认为该影片显然剪辑、拼接了多个不同阶段的独立短镜头，采用了一些巧妙的手法，最后才呈现了

158

一个完美、流畅的组装过程。

　　莱特希尔似乎认为唐纳德·米奇的团队故意"捉弄他"，整个人工智能研究领域都被华而不实的说法迷惑了，当学术团体正努力解决模式识别和空间建模等一系列复杂且棘手的高层次问题时，行业内务实的控制工程师们却忙着制造不依赖理论假设、用于组装和机械处理的实用型机器。此外，刚成立的史密斯工业集团（Smiths Industries）推出了具有更高水平的飞机自动着陆系统，这个强大的以计算机为基础的系统可复制复杂的人类技能，而这一切都归功于行业内的开发工程师，而非人工智能领域的研究者。

　　次年，莱特希尔与众多人工智能领域的杰出人士（对他们而言或许不太明智）在皇家学会（Royal Institution）进行了一场辩论。与其说这是一场辩论，不如说是一场苏维埃式的审判秀。作为全场的焦点，莱特希尔对整个人工智能领域、可怜的机器人弗雷迪及其成就大肆嘲讽。他拒绝将弗雷迪视作一个创新的初步模型系统，称它只能在为它构建的极其简化的环境中才能成功完成组装，这种环境好比"婴儿的游戏围栏"。弗雷迪或许是个"计算机科学的巧妙产品"，但也仅此而已。

　　莱特希尔认为，要发明出一个真正意义上的通用机器人，需要解决程序员未曾预料到的新问题，但是，随着实验任务及事件越来越现实和复杂，各种变量及其相互作用将以惊人的速度成倍增加，这将使计算十分棘手。在他眼中，这个计算障碍可能会成为一个无法逾越的"组合式爆炸"数字海洋，因此"多用途机器人只是个海市蜃楼"。[5]

人工智能与控制论的"来世"

　　在英国，莱特希尔报告似乎标志着"人工智能寒冬"的开始，这一时期的研究资金极度匮乏。或许是一个机器翻译项目的失败——该项目曾是德雷福斯在《炼金术与人工智能》中特别批判的"冷战的一个珍贵产物"，导致美国也经历了类似的境况。

控制论路在何方？控制论包罗万象，从神经病学到政治学，仿佛是个"万物理论"，但作为学科其显得苍白无力。回顾其发展历程，它看上去更像一场运动，而不是一门条理清晰的学科。至 20 世纪 70 年代末，大多数研究中心已陷入"穷途末路"，[58] 控制论没能成为学术领域的一门主流学科，也没有在一群才华横溢的学者推动下成为一门科学。或者可以说，它只是一场具有高度技术性的战争的临时产物，战争好比一个"科学高压锅"，给这群天资卓越的科学家们带来了一段独特的跨学科经历。

历史舞台的帷幕渐渐落下，控制论领域的领军人物相继退出。1964 年，诺伯特·维纳逝世。1969 年，沃伦·麦卡洛克也与世长 160

W. 罗斯·艾什比在斯坦福大学，摄于 1955 年 12 月。

辞，直至去世前他都一直积极地开展教学与研讨工作。在英国，W. 罗斯·艾什比刚好是格雷·沃尔特在"巴恩伍德之家"时候的老板，据说，由于艾什比对沃尔特臭名远扬的私人生活方式忍无可忍，甚至安排了私家侦探跟踪他。这些事情加上某些不妥的行政决策，导致艾什比离开英国前往美国。而格雷·沃尔特在回到布里斯托后，他活跃的研究生涯却因一个不寻常的小插曲而告终（虽说这件事在他非凡的人生中也并非离奇）——他在驾驶一辆摩托车时与一匹脱缰的野马发生了碰撞。[59] 斯塔福德·比尔则对自己在智利的经历感到失望，离开了这个行业，也放弃了控制论研究，只身前往威尔士的乡下潜心修炼密宗瑜伽。

　　显而易见的是，这些杰出人物的消失削弱了控制论的地位。然而，也许是因为有更明确具体的目标，两个主要源自控制论的学科——人工智能和机器人却仍继续蓬勃发展。

　　如今，机器人无处不在，但生产中用于操纵、焊接、组装与涂喷的工业机器与人工智能研究者们曾设想的产品相去甚远："真正的机器人"应可在各种人类活动中代替人类。

　　从某种程度上讲，这是由于向机器人提供所需的关于世界的符号模型极其困难。机器人还有太多东西需要了解，而且世界上几乎所有东西在语义上都是不稳定的。一堆砖头在建筑工地和在暴乱的人群中的意义截然不同。任何东西都有可能从具备有用性转变为带有威胁性，同时也有可能朝其他现实的或情感的方向发展，人工智能研究者们称其为"框架问题"。回顾人类的行为方式，一切如此清晰，我们都经历了漫长而复杂的编程过程，那便是人类的"成长"。从这个角度来解读的话，那些看似微不足道的事情，比如婴儿执迷于将杯子或饼干从托盘边缘推出的习惯，都可被视作学习实验，揭示了这个世界的几何学和重力的实践真理（如"它去哪儿了？"）。复制人类行为是

法拉利（Ferrari）的喷涂机器
人。尽管汽车机器人的运动如
芭蕾舞般复杂，但可以确定的
是，汽车工业中使用的当代自
动装置都是电子设备，并非 18
世纪时沃康松（Vaucanson）
发明的"长笛手"①之类的奇形
怪状的风车和凸轮。

个千古难题，真实、灵活且意义多样的人工智能难以实现。正如布里
斯托机器人实验室（Bristol Robotics Laboratory）的创始人之一、人
工智能领域研究者艾伦·温菲尔德（Alan Winfield）所言："在战后的
世界里，对机器来说，原本看上去很难的事情，比如下象棋，反倒是
（相对）简单的；而一些看起来很容易的事情，比如在别人的厨房里
泡杯茶，眼下却成了难以克服的挑战。"[60]

　　机器人是人工智能问题中的一个子集。当今，关于人工智能的言
论如此狂热，倘若此时再与莱特希尔或德雷福斯一样，说"机器人和
人工智能只是海市蜃楼"，就显得过于不明智。能实现自动驾驶的汽
车通常被视为 21 世纪初人工智能领域的关键性考验，支持者声称其
不久后便会问世。当然，如今看来这似乎还遥遥无期，成千上万的司
机和骑手都通过潜意识发出信号并察觉意图，以此在瞬息万变的决策

---

①　"长笛手"是沃康松于 1737 年发明的第一个人形自动机，它可以像音乐家一样演奏笛子，
　　并可连续吹奏 12 首曲子。——译者注

过程中进行合作，而自动驾驶汽车真的能在多变的真实交通环境下自由穿梭吗？

　　矛盾的是，20 世纪 50 年代，格雷·沃尔特的"乌龟"通过一个简单的电路展现出了引人瞩目的拟人行为，该电路几乎仅由几个传感器和简单的部件组成。而如今，即便更完善的研究机器人已经问世，它们具备更强大的计算能力、内存和专门的编程，但每个动作和手势却仿佛都在提醒人类留意它们身上的机械特征。我们对控制论或机器人性能的期望不断提高：即便是面对"阿西莫"（Asimo）或"机器人演员"（Robo Thespian）这样能与人类互动、体现了工程技术开发和编程的卓越成果的著名机器人，我们也会仔细研究它们的每一个机械反应，寻找其中不自然的地方。

　　曾备受瞩目的人类活动和机械化思维之间的融合还未实现。大脑活动依旧是个不解之谜，麦卡洛克于 1964 年提出的"心理微粒"——其主张的单一的、最简单的、原子化的精神活动——也尚未被发现。
163 尽管已有不少有趣的研究使用磁共振成像来探索活跃的人类大脑，但

2017 年，索菲亚（Sophia）因成为第一个获得正式公民身份的机器人而闻名于世，它使用被编写好的话语进行交流，这些话语都是为了促进人工智能发展。

如今的连接组可视化。但如何
对经验、记忆和意图进行编
码呢？

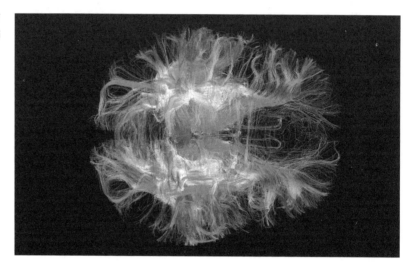

这些研究通常只能显示大脑中哪些区域代谢活跃，以及在特定情况下，哪些区域的活动之间可能产生交集，却始终无法说明大脑中的"信号交通"到底是如何进行的。因此，研究人员转而将希望寄托于连接组学，尝试对大脑进行细致的显微解剖。如果每个神经元以及与之相连的所有线路都能通过机器映射和模拟，被映射的大脑的功能就能再现。

然而，不论这项工作在解剖学上有什么意义，工业界似乎都对理解神经网络本身以及记忆、情感、疼痛或动作的编码形式未寄予太大希望。

那么，真正的人工智能在哪个领域中能以最灵敏的反应、最自主的方式实现呢？答案之一便是防空领域——这曾是它的摇篮。为了对付像臭名昭著的"飞鱼"（Exocet）之类的反舰巡航导弹而开发的反战术弹道导弹系统完全可以自主运行，尤其是在军舰上。该系统可以分析可疑目标的飞行路线、速度、航向以及雷达信号，一旦目标构成威胁便将其摧毁。当然，系统也会出现重大失误，这时系统将发出警

164 报并等待人工指令，不过，这在战争中根本就来不及。此类防御武器系统有内置设置，可实现全自动化操作。

智能防空中的最佳案例就是如今的高射炮系统，如美国的密集阵近程防御武器系统（Phalanx Close-in Weapon System）或欧洲的莱茵金属厄利孔千禧年机炮（Rheinmetall Oerlikon Millennium Gun）。也许是由于高射炮成本更低，军事装备专家倾向于将其视为当今仅次于导弹的武器。然而，作为战争中的最后一道防线，高射炮承担了惊人的计算工作量，包括追踪目标、排除所有干扰和诱骗信息、计算武器的瞄准提前量，最终在目标周围形成一团爆炸云。每次发射都能通过千分尺进行调整，每分钟可发射 1000~4000 发炮弹，当炮弹还在炮管传送时就可以设置电动引信，甚至当大炮在连发过程中升温时可以同步进行测量和调整，以提高炮口速度。高射炮各个系统的功能设计高度明确，但也有明显的局限性，系统仅在特定任务场景下才具有智能。

当政治家和伦理学家忙于争论机器人化武器系统的道德及其前景时，这些防空火炮早已开始服役，操作者只需轻轻按下开关，便可选择人工控制模式或全自动模式。

6

牛仔、柯尔特与卡拉什尼科夫

几年前，在英国格拉斯哥的凯尔温格罗夫博物馆（Kelvingrove Art Gallery and Museum）里，我们还能看到拉科塔族（Lakota）①的"鬼衣"（ghost shirt），这是 1890 年伤膝河大屠杀（Wounded Knee）中遗留的一件神秘而催人泪下的物件。这件破烂不堪的赭色衣服上有刺绣和流苏，沾染着斑驳的锈红色污渍，几乎可以确定衣服的主人在这场大屠杀中遇难。

19 世纪 90 年代，鬼舞教（Ghost Dance religion）逐渐在某些美国原住民部落中兴起。由于和美国政府签订了一系列屈辱条约，并受到汹涌而来的欧洲移民潮影响，拉科塔人的土地不断遭到侵吞，族人被逼至边缘地带生存。鬼舞教在发展过程中吸收了美国原住民信仰及基督教元素，宣称救赎并非源自罪恶，而是源自压迫。[1]该宗教还宣扬白人必被驱逐，印第安人会收复土地，神圣的水牛也终将回归。信徒们希望宗教服饰——鬼衣和神圣的鬼舞能够在枪林弹雨中保佑他们逃过子弹。

---

① 拉科塔是美国西部一个美洲土著民族，是印第安人苏族的一支，居住于今南、北达科他州。拉科塔人一直坚持为独立而斗争，历史上曾与美国军队进行过多次战争。——译者注

166

1998 年，凯尔温格罗夫博物馆展出的伤膝河大屠杀中遗留下来的"格拉斯哥"拉科塔鬼衣。1999 年，格拉斯哥市议会同意将其归还给伤膝河大屠杀幸存者援助协会（Wounded Knee Survivors Association）。

　　拉科塔人最后一幕民族主义壮举在南达科他州（South Dakota）的荒野中拉开帷幔。拉科塔人常年生活在这里，生活在水深火热之中——美国军队不断侵扰、庄稼连年歉收、作为食物来源的水牛濒临灭绝。[2] 军队甚至对他们展开严密搜查以收缴拉科塔人持有的武器。于是，似乎因为一名拉科塔人开了枪，美国军队步步紧逼和围剿，最

伤膝河大屠杀数日后的惨状，包括"大脚"酋长（Chief Big Foot）在内的拉科塔人的尸体都被冻在雪地里。对页照片展示了"收装死者"（上）以及"掩埋死者"（下）。

终演变成一场骇人听闻的无差别大屠杀。拉科塔人逃亡时，不仅武装人员，甚至妇女和儿童都遭遇到惨绝人寰的杀害，就连族人最伟大的领袖——"坐牛"酋长（Sitting Bull）也未能幸免于难，他因严重肺炎躺在帐篷里，在与美方军官谈判时被子弹射杀。

167　　意味深长的是，这些美军士兵来自卡斯特将军（General

Custer）指挥的美国陆军第七骑兵团（7th Cavalry），该兵团曾在 14 年前的小巨角河战役（Battle of Little Bighorn）中被印第安人打得溃不成军。当时，一个由拉科塔人、北夏延人（Northern Cheyenne）和阿拉帕霍人（Arapaho）组成的联盟消灭了卡斯特领导的兵团，歼灭美军近 270 人，几乎无人生还。其实，在战争初期，倘若卡斯特当时战术得当、士兵纪律严明，定能成功御敌，然而他的战略部署令人费解。印第安人只花了不到一顿饭的工夫就包围、打击并最后夺取了他们建立的防御飞地，"所花的时间比饿虎扑食还短"。[3] 也有人认为兵团打了败仗是由于武器不利，当时大多数美军士兵使用的都是柯尔特左轮手枪和春田（斯普林菲尔德）步枪。而印第安联盟却拥有各色武器，除了柯尔特左轮手枪还有弓箭、老式单发毛瑟步枪和大量温彻斯特连发步枪。要知道，只有兵团里训练有素的老兵才能使用春田步枪进行持续准确的射击，或许这是美军落败的根源，因为其向来不重视枪法。据说，一个美军士兵每年只能申请 20 发子弹用于练习。比较而言，印第安原住民们个个都是神枪手，他们尤其擅长打猎和使用武器。

二者实力之间存在巨大的差别，英国军队在布尔战争（Boer War）① 中受到的冲击也是类似的案例。英军受过严格训练，能够通过接力射击与填充快速持续开火，尽管射程较短，不超过 200 码（约 183 米）。这种技术被军队称为"步枪射击术"（musketry）。他们使用的武器精准度不高，因为早期欧洲战争重点关注火力是否猛烈，这意味着枪法并不是第一重要的。相反，布尔人不喜近距离开战，他们自小就是聪明的农民和矫健的猎人，个个枪法精准，还拥有不少新型

---

① 布尔战争一般指第二次布尔战争，是 1899 年 10 月 11 日至 1902 年 5 月 31 日英国同荷兰移民后代阿非利卡人（布尔人）建立的德兰士瓦共和国和奥兰治自由邦为争夺南非领土和资源而进行的一场战争。——译者注

远程步枪，大多为德国毛瑟步枪，可在英军的射程范围之外一发制敌。

168　　于是，在伤膝河大屠杀中，美军骑兵们十分谨慎。为了解除拉科塔人的武装，他们包围了营地，并部署了 4 门发射霰弹的小型火炮——哈奇开斯"山炮"（Hotchkiss "mountain guns"）。[4] 由于美军

169 火力凶猛且拉科塔人未能像当年那场胜利之战一样准备充分，拉科塔人在美军的猛攻下意志大减，在饥饿和绝望中投降，以惨败告终。

　　大屠杀之后几天，乔治·特拉格（George Trager）从约 80 千米以外的内布拉斯加州的工作室出发去旅行，偶然拍摄到了部分躺在雪地里的约 300 具拉科塔人的尸体。据说，格拉斯哥鬼衣便是在那里发现

170 的，一名叫"矮牛"（Short Bull）的拉科塔人在祈祷之后找到了这件圣物。在此之前，"矮牛"和"猛熊"（Kicking Bear）曾一起去内华达州拜访了先知"沃沃卡"（Wovoka），将鬼舞教带回本族部落。沃沃卡是

水牛的消失：一堆水牛头骨。起初，大规模猎捕水牛是为了养活建造横跨美洲大陆新铁路的筑路工人。此后，猎捕水牛逐渐成了一种运动方式。到了 19 世纪 70 年代，它却演变成一项任务——消灭水牛，以此让生活在大平原上的印第安人失去食物来源并投降。当时甚至还流行着这样一句口号："消灭一头水牛，就消灭了一个印第安人。"

印第安人派尤特族（Paiute）的救世主，也是鬼舞教的创始者之一。

多年后，拉科塔族药师"黑麋鹿"（Black Elk）回忆说：

> 我也不知道究竟死了多少人。如今我年事已高，伫立于生命之巅回首望去，妇孺惨遭屠杀的画面依旧历历在目。蜿蜒的峡谷旁横尸遍野，尸骨或堆积如山，或散落各处，一张张纯净的面庞和他们年轻时一样。还有些尸首在血泊和雪地里已经无从辨认。拉科塔人的美好梦想破碎了……一个民族的梦想就此随风而逝，族人的中心已不复存在，圣树也已死去。[5]

随着欧洲移民持续增加，船舶和铁路迅速发展，美军实力不断壮大，武器持续更新，美国原住民的结局仿佛是历史的必然，显然他们还缺少一些其他重要"武器"，比如地契、财产登记簿和律师。

一些最具有反抗精神的拉科塔人曾被关押在伊利诺伊州谢里丹堡（Fort Sheridan）的美军基地哨所内。然而，在"水牛比尔"·科迪（Buffalo Bill Cody）① 的担保下，"矮牛"和其他几名拉科塔囚犯随后被释放，跟随他参加"狂野西部秀"（Wild West show）系列表演。事情的演变并不令人感到奇怪——巡回演出可以使拉科塔人离开自己的部落和族人，在舞台上，他们虽然展示了精湛的战术和高超的骑术，却总是被牛仔们击败。

"水牛比尔"组织的巡演大获成功，最初他们只在美国东海岸和人口密集的地区表演。然而，故事中最离奇的转折在于这些印第安人在牛仔秀中频频出演，全然不顾身处西部的同胞们正与新移民和美国

---

① 威廉·弗雷德里克·"水牛比尔"·科迪（1846年2月26日至1917年1月10日），南北战争军人、陆军侦查队队长及马戏表演者。他组织的牛仔主题表演非常有名，风靡全球。——译者注

阿尔伯特·伯格豪斯（Albert Berghaus）所绘的《遥远的西部：在堪萨斯—太平洋铁路上射杀水牛》，刊登于《弗兰克·莱斯利新闻画报》（*Frank Leslie's Illustrated Newspaper*）（1871 年 6 月 3 日）。

军队浴血奋战。"水牛比尔"的团队还曾三度赴英国演出，仅 1892 年，就在利兹、利物浦、曼彻斯特、布莱顿、布里斯托和伦敦等地 14 个场馆进行了巡回表演。

173　　　这里我们不得不再次提到英国海军上将查尔斯·贝雷斯福德爵士——皇家海军元帅杰基·费舍尔和炮击专家兼海军上将珀西·斯科特的死对头。他本是英裔爱尔兰人，骁勇善战，醉心于骑术和狩猎，据说他甚至把猎狐的壮观场面文在自己的臀部。"水牛比尔"的团队在伦敦演出时，他似乎被其中牛仔和印第安人展现的陌生而独特的骑术迷住了，于是通过某种途径联系上了比尔，想近距离观看演出。于是，在一场著名的表演中，贝雷斯福德藏在著名的"戴德伍德马车"（Deadwood Stage）① 中出现在公众面前，马车在竞技场上狂奔，印第安勇士骑着马在后面紧紧追赶，发出残忍的咆哮声。[6]

① 　戴德伍德是南达科他州的一个小镇，因淘金热、西部牛仔和"水牛比尔"而闻名。戴德伍德马车在美国西部当时被广为使用，也是比尔巡演时的主要道具。——译者注

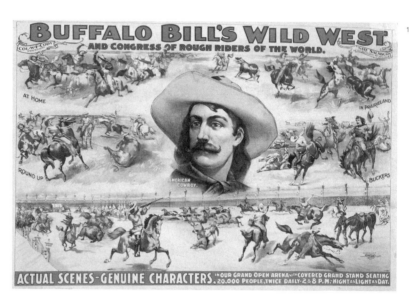

172

"水牛比尔"的"狂野西部秀"
海报（上）以及包括"矮牛"
（下图左上）在内的演职人员在
摄影棚内的合影。

FRANK　　SHORT　　LONE　　CHARLES B.　　　FEATHERS　　FIRE　　MRS.
YATES　　BULL　　BULL　　GORDON　　　ON-HIS-HEAD　THUNDER　FEATHERS
　　　　　　　　　　　　("DEADWOOD　　　　　　　　　　　　ON-HIS-HEAD
　　　　　　　　　　　　CHARLIE")

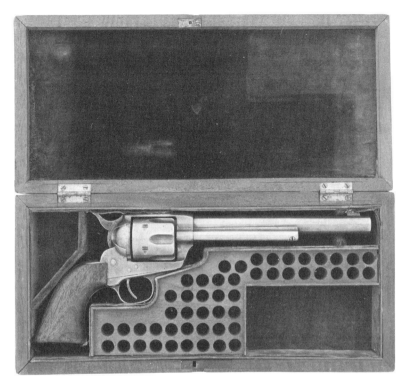

"水牛比尔"的柯尔特M1873
单动式转轮手枪。

　　演出在英国格拉斯哥最轰动、最受欢迎，也许是印第安人的命运引起了当地观众对高地清除运动（Highland Clearances）[①]的回忆与共鸣，甚至在整个苏格兰地区都引发了热烈反响。团队在丹尼斯顿的东区展览中心进行了为期一个月的表演。演出场面异常火爆，演员们也随之声名鹊起。当"水牛比尔"在埃布罗克斯球场（Ibrox Stadium）观看凯尔特人对战邓巴顿的比赛时，他英俊的形象、华丽的服饰和高高的白色牛仔帽受到观众追捧（据说他当时故意迟到是为了增强戏剧性效果）。

174

---

① 　1760年到1860年，苏格兰高地居民被驱逐出其居住地，史称"高地清除"运动。——
　　译者注

比尔给他的"狂野西部秀"命名为《文明戏剧》(*Drama of Civilisation*)，这一主题似乎和传统戏剧的题材有所不同，其松散的结构在整体上却保持了戏剧的基本吸引力元素：精彩的骑术表演、精准的射击如神枪手安妮·奥克丽① (Annie Oakley) 的表演和最具异国情调的亮点——英俊的拉科塔人和他们狂放不羁的潇洒气质。

全剧一般包含以下几幕：袭击马车队、攻击印第安人的牧场、印第安人被牛仔攻击或枪杀、最后是对"戴德伍德马车"展开追逐。可以这么说，早在好莱坞意识到牛仔与印第安人的遭遇战是一种宝贵的戏剧模式之前，"水牛比尔"(及其众多模仿者)就把这些扣人心弦的故事情节搬上舞台并使它们深入人心了。[7]

在这次巡演的最后一站，启程返回美国之前，拉科塔人的陪同翻译乔治·克拉格 (George Crager) 打算让凯尔温格罗夫博物馆购买 31 件拉科塔物件，包括鬼衣、一条由灰熊爪子制成的"仪式项链"(这条项链是"矮牛"从内华达州将鬼舞教信仰带回部落时所佩戴的)，以及族人"脸之雨"(Rain in the Face) 在小巨角河战役时穿过的一件带有珠饰的鹿皮马甲。令人感到奇怪的是，克拉格被描述为一个"投机分子"，但他只卖出了其中的 15 件，然后捐赠了其余的物件。会不会是剧团里的拉科塔人反对出售这些敏感物件？在这次旅程中，一个名叫"冲锋雷霆"(Charging Thunder) 的拉科塔人不知出于什么原因用大棒袭击了克拉格，结果在苏格兰格拉斯哥的巴连尼监狱 (Barlinnie Gaol) 里被关押了 30 天。他在受审时声称自己已经是印第安人中最温和的一个，对克拉格也并无恶意，只是喝多了威士

① 安妮·奥克利 (1860~1926) 是一名美国传奇式人物、女神枪手，1885~1902 年为美国"水牛比尔"马戏团明星。Annie Oakley 在美国俚语中指各种免费票券，源自奥克利能打穿抛在空中的扑克牌，被检票员打过洞的门票就像她开枪打中的扑克牌。——译者注

忌而犯下错误罢了。

　　那么，跟着剧团四处奔波的"矮牛"是如何与比尔扯上关系的

"坐牛"酋长和威廉·弗雷德里克·"水牛比尔"·科迪的合影，摄于 1885 年 8 月。他们的表情到底是相互尊重还是彼此轻视？

呢？人们不免感到疑惑：他如何从战士兼牧师摇身一变，成为"舞台上的印第安人"？事实上，这些先辈的行为和人际关系远比历史书上 175
记载的复杂得多。"水牛比尔"非常尊重印第安人，成名后，他声称应当给予印第安人更公平的待遇。他也是妇女选举权运动的支持者，与小巨角河战役的胜利者、伟大的拉科塔酋长"坐牛"交往甚密。在1890 年的那场惨案中，当"坐牛"前往达科塔的"立岩"（Standing Rock）苏族保留地时，政府机构印第安警察局试图逮捕他，以此镇压拉科塔人的反抗和鬼舞运动。"水牛比尔"曾打算出面斡旋，打破僵 176
局，不巧的是，途中他被喝了过量威士忌的其他政府官员纠缠扣留，未能及时赶到，于是，"坐牛"在这场短暂而混乱的追捕行动中被杀害，很大可能是死于蓄意谋杀。[8]

　　1999 年，拉科塔伤膝河大屠杀幸存者援助协会（Lakota Wounded Knee Survivors Association）要求凯尔温格罗夫博物馆归还鬼衣，声称根据当时的法律，将衣服从死者身上和战场上拿走是不恰当的，甚至是非法的，同时，鬼衣作为神圣的文化遗产，重要性不言而喻。在1998 年 11 月 13 日，格拉斯哥市议会曾召开过一次听证会，博物馆负责人马克·奥尼尔（Mark O'Neill）在一份重要文件中指出，博物馆虽是"'拥有'和'保存'的殿堂"，但倘若它也代表着"更好的自我"，则应体现超越以上两个层面的价值。因此，听证会决定让凯尔温格罗夫博物馆将物品归还给拉科塔人，这是英方归还给美国原住民的首件文物。"脸之雨"的孙女马塞拉·勒博（Marcella LeBeau）缝制了一件仿制品送给博物馆作为替代藏品，当年，她曾亲眼看见了小巨角河战役和伤膝河大屠杀的惨痛现场，这样的家族传承展示了历史悲剧仍真实地存在于记忆之中。[9]

柯尔特上校、连发手枪和"狂野西部秀"

随着美国政府下令大规模生产枪支，新兴的军火工业开始在东海岸迅速发展，枪成为日用品，而在西部，枪也随处可见。正如我们所知，印第安人拥有各式各样的武器，但却没有人比塞缪尔·柯尔特（Samuel Colt）更了解西部的武器。

柯尔特是个创造力十足、有点浮夸且擅长自我推销的美国北方人，在机械装置及原理等方面天赋非凡。1830 年，他作为商船海员前往印度，途经伦敦时在展厅里亲眼见到当时一些世界上最出色的枪支制造商们的作品。据说，他于 1831 年在加尔各答的一家枪支商店里看到了一把转轮手枪，"因事关重大，此后几年，他都有意隐瞒此事"。因为这把转轮燧发手枪的设计者可能是其同胞、来自波士顿的伊莱莎·科利尔（Elisha Collier），此人曾前往英国申请此项发明专利。[10]

柯尔特是个地道的美国人，天生喜欢削木头，既作为业余消遣，也能制作些实用的东西。据说，他在航行结束回到家后，用刀雕刻了一把转轮手枪模型。该木制半成品体现了独特的设计理念及创新之处：每次扣动扳机，装有子弹的弹筒就会转一下，为下次射击填充一发新的子弹。柯尔特对将船舵锁定在某一位置的机制印象深刻，或许他所指的是牵引锚链的绞盘（锚绞盘），这种绞盘上有个坚固的卡爪，可在需要时锁定。

回到美国后，柯尔特开始在新泽西州帕特森市制造转轮手枪，卖给军队、个人和执法部门。随后，为了更好地与官方机构打交道，他便自称"柯尔特上校"。虽然诋毁他的人认为自诩"上校"过于狂妄，但其实这个头衔也是合乎事实的。1850 年，他曾被托马斯·H. 西摩（Thomas H. Seymour）编入康涅狄格州的民兵组织，并为西摩当选州长出了不少力。不过，柯尔特最大的用处显然只是"确保西摩在官方聚会以及招待会上适量饮酒并安全回家"。[11]

柯尔特刚开始制枪时，美国政府新推出的制枪流程正逐渐为人熟知，即采用量具并遵循标准化以及可重复利用的原则。于是，柯尔特抓住机遇，应用了新的生产技术。他制造的枪已体现了迅速发展中的枪械工业兼具准确性和经济性的特点。同时，他也十分精明，清楚何为"真正的互替性"，即不同型号的枪之间可实现零件替换。由于机床可能存在自然误差和尺寸偏差，这种替代零件在当时属于奢侈品，只有军队才支付得起。因此，他采用了一种巧妙的混合经营策略，即向军队出售带有经过精密测量的可互换零件的"完美"武器，但针对"不合格"的零件，也并非直接丢弃，而是选择性地将其组装为功能完好的枪，专门向私人市场或小型独立机构出售。

虽然据说这些柯尔特二线左轮手枪之间随意互换零件可能会造成

约 1854 年时的塞缪尔·柯尔特。1852 年 5 月 18 日，柯尔特在写给查尔斯·曼比（Charles Manby）的信中对自己的发明轻浮地评价道："世上的好人们总是彼此看不顺眼，我制造的武器就是最棒的和平制造者。"

危险，但其实这些手工组装的武器也是英国手工艺系统的变体，并不一定比为军队特制的枪逊色。危险在于，倘若更换后的旋转弹膛并非完全与子弹匹配，子弹在发射时可能会被刮掉一层铅片，这块碎片会在弹膛和枪管之间侧向弹出。那么，如果有人站在开枪的人身旁，就有可能会因为这块碎片丢掉性命。

1851 年，柯尔特回到伦敦，参加了在海德公园举行的世界第一次万国工业博览会。他设置了展台推销商品，并为了促销向潜在客户和代理商慷慨地分发白兰地酒。柯尔特左轮手枪进入展品目录预示着美国将爆发新一轮的"印第安战争"，他还招募了两名美国前陆军军官，他们为这些转轮手枪进行了令人不寒而栗的、预言性的宣传。其展品条目引自美国国会军事委员会（Congressional Committee on Military Affairs）发布的"关于连发手枪相对效能的报告"（Report as to the Relative Efficiency of the Repeating Pistols）：

> 印第安部落正沿着得州边境和通往加州的几条路线展开新一轮的杀戮之战……哈尼将军（General Harney）在佛罗里达州的（塞米诺尔战争①）中成功使用了柯尔特左轮手枪，并声称："这是唯一有可能制服那些野蛮凶残的部落的武器。"

其他一些军官也提供了如下证明：

> 手持柯尔特左轮手枪的骑兵……在前线是最高效且最难对付的；尤其是在草原和峡谷地带遇到野蛮人时，这种枪的优势无法估量，对于擅长使用这种武器的英勇士兵而言，在这种情况下，

① 塞米诺尔战争是指佛罗里达的塞米诺尔印第安人在美国南北战争爆发前的 40 多年间，为保卫自己的家园而进行的反抗美国军队入侵和镇压的武装斗争。——译者注

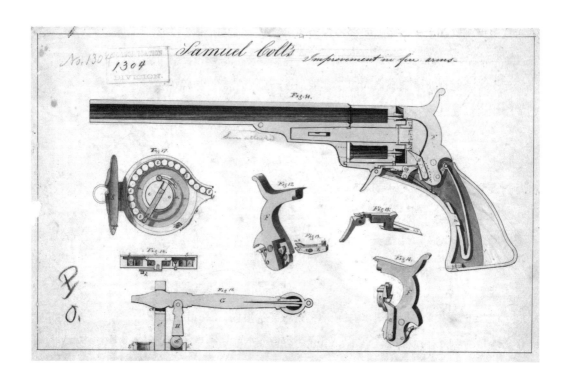

塞缪尔·柯尔特于 1839 年 8 月 29 日提交的"武器改良"（Improvement in Fire Arms）专利图。

将所有野蛮人打得四下逃窜简直易如反掌。[12]

　　1851 年的这场万国工业博览会充分显示了当时英国在工程方面的实力。英国工程巨匠约瑟夫·惠特沃斯（Joseph Whitworth）及其在被称为"移动机械"的展厅中的展位给人留下深刻印象，展位上有巨型精密车床、刨床及最新的测量设备——新型惠特沃斯千分尺和量规。可以说，这些机械工具造就了当时的大英帝国：它们同时具有高度灵活性、精准性和耐用性，能够为机车、动力织布机等机械设备打造精准的移动部件。矛盾的是，几年后英国军事当局开始对国内的武器制造情况忧心忡忡，积极关注美国在这个领域的发展。1854 年，议会轻武器制造特别委员会成立，专门研究新的"兵工厂"技术。柯尔特还在伦敦皮米里科的沃克斯豪尔桥附近办了一家工厂，他在英国被视为美国新型军事系统的研究专家。甚至查尔斯·狄更斯（Charles Dickens）也参观过他的工厂，对工厂的高效率和组织机制赞不绝口。

然而，议会轻武器制造特别委员会并未意识到柯尔特上校的武器系统其实是美国政府"兵工厂"体系之下一个巧妙却不太完美的变体，因此，当委员会要求柯尔特提供武器的证据时，他只有捏造一份。当他被问到所生产的武器零件是否可互换时，柯尔特只是轻描淡写地说了一句："这么做比较便宜。"然而，他的前任生产主管盖奇·斯蒂克尼（Gage Stickney）却不知怎么说漏了嘴："我也只是听说过这件事，但没亲眼见过。"[13] 于是，英国枪支制造商们被柯尔特上校口中所谓的完美生产激怒了。按当时的标准来看，他们的武器有很多优点：十分耐用，功能强大，几近完美。著名的伯明翰枪支制造商威廉·维斯特利·理查兹（William Westley Richards）为了亲自测试零件的互替性，特地购买了 6 把柯尔特左轮手枪进行测试，然后确信地告诉委员会：所有零件都无法互换。委员们即使冥思苦想恐怕也不明白背后的原因：在当时，大规模生产的理念和实践非常新颖，但精度只是个并不完美的相对概念或统计学范畴上的概念，仍处于探索过程中。

尽管如此，但美国依旧掌握着最终的答案。惠特沃斯和同事一同参观了春田兵工厂，尝试从源头了解美国的技术。他们发现，尽管英国机床灵活且用途广泛，能制造出各种产品，美国却一直专注于相同零件的重复和快速生产，所需的只是时间和熟练的操作者。与英国车间不同，美国工厂有许多用途单一的机器，其经过多次改进后可以完成一项工作，通常可以由技术水平较低的工人来操作。于是，英国进口了美国的机械系统，以重新装备位于恩菲尔德的政府兵工厂。为了确保政府合同能够落地，伯明翰的枪支贸易被迫在一定程度上进行了整合，成立了伯明翰轻武器公司（Birmingham Small Arms Company，BSA）。该公司后来成为一家实力强劲的工程企业，主要负责生产步枪等各类武器以及制造摩托车和汽车。20世纪70年代，随着英国工业的快速发展，该公司与其他工程企业一样陷入经营困境。

温彻斯特步枪、雷明顿转轮手枪，尤其是柯尔特左轮手枪等系列武器在美国西部的五金店里随处可见，它们体现了可靠实用且价格便宜的特点，无论如何，这是柯尔特左轮手枪取得的胜利。柯尔特公司将其知名产品之一"柯尔特45"长枪管左轮手枪命名为"和平制造者"（The Peacemaker），赋予其浓厚的神话色彩，在此后出现的西部牛仔电影中其成为一个实然属性——在西部片的基本剧情中，它与牛仔、英雄及反派角色都是基本要素。

虽然在许多西部片中，敌人在某种程度上被认为本质上是不同的，但在美国故事讲述者口中，这些与印第安人和墨西哥人的斗争都变成了颇具争议的模式。尽管军队行动和持续的移民潮一度压制了印第安人的反抗，但在很长一段时期内，西部依旧充满暴力。这里到处都是危险和不讲信用的北方佬，他们大多是潜逃者、精神病患者或来自远东的冒险家，也有一些美国内战的逃兵和退伍军人，经历过战争的他们对暴力早已习以为常。因此，险象环生的西部不仅仅是俗套的电影情节，充斥着公路抢劫、银行抢劫，以及在开阔牧场放牧的恃强凌弱的牧民与试图用栅栏围起农场的农民之间的"领地之争"。整个西部社会犯罪频发，危机四伏。正如珍妮·考尔德（Jenni Calder）在其处女作《孤胆奇侠》（*There Must Be a Lone Ranger*）中所描述的，直至1889年，俄克拉何马州（Oklahoma）"随处可见社会弃儿和难民"，展现了"西部某些最骇人听闻、极度丧失理性的犯罪现场"。[14]

　　因此，美国神话的基础不仅是孤胆奇侠凭着克制的、为了追求正

义使用暴力所谱写的英勇之举，它同时也关乎这样的理念：让正确的

人——有原则的人——在乱世中凭借意志力、领导力、勇气以及坚定

的道德准则建立全新的公民秩序和一个更加富有活力的社会。作为电

埃姆斯枪托制造机（Ames gunstock-making machine）——恩菲尔德兵工厂（Enfield Arsenal）从美国进口的众多新机器之一。它从"母模"中复制了一把枪托，从而取代了最复杂的老枪匠手工艺品之一。

影中的一个重要流派，诸多美国西部片都对这一主题进行了探讨，如
《原野奇侠》（*Shane*）、《正午》（*High Noon*）、《豪勇七蛟龙》（*The Magnificent Seven*）等。

美国前参议员、2008 年总统候选人约翰·麦凯恩（John McCain）于去世前夕撰写了一篇告别短文，不过这篇文章在其死后的 2018 年 8 月 25 日才发布。文中，他将美国描述为"一个人类历史上前所未有的理想之国，将众多的人民从暴政和贫困中解救出来"。美国的电影制作人乐于将枪战描绘为人间神话，这源自美国情结中的理想主义，甚至还与美国外交政策的制定有着千丝万缕的联系。

1881 年，亚利桑那州墓碑镇（Tombstone, Arizona）发生了一场轰动全美的枪战，名叫怀特·厄普（Wyatt Earp）的警长及其同事杀死了 3 名牛仔逃犯。1932 年，爱德华·卡恩（Edward L. Cahn）导演的《法律与秩序》（*Law and Order*）是第一部根据此次事件改编的电影。[15] 更广为人知的是 1957 年约翰·斯特奇斯（John Strurges）导演的《O.K. 牧场大决斗》（*Gunfight at the OK Corral*），其中，伯特·兰卡斯特（Burt Lancaster）饰演怀特·厄普，柯克·道格拉斯（Kirk Douglas）饰演其搭档——绰号为"医生"的赌徒霍利迪。1953 年，纳森·朱兰（Nathan Juran）导演了一部《法律与秩序》的翻拍片，主演是后来的美国总统罗纳德·里根（Ronald Reagan），不过，这部烂片险些毁掉里根的演艺生涯。此外，1993 年，乔治·科斯马图斯（George P. Cosmatos）导演了《墓碑镇》（*Tombstone*），库尔特·拉塞尔（Kurt Russell）饰演厄普，瓦尔·基尔默（Val Kilmer）饰演霍利迪；1994 年，劳伦斯·卡斯丹（Lawrence Kasdan）导演的《执法悍将》（*Wyatt Earp*）由凯文·科斯特纳（Kevin Costner）主演。这些西部片均改编自这个历史事件，虽然部分剧情不太严谨，却都体现了对法律和正义的思考和探索，这对整个西部电影流派的发

展至关重要，甚至几乎成为其"存在的理由"（raison d'être）。

警长们并非像好莱坞影片中刻画的人物形象那样讲原则，他们在现实中也常常妥协，甚至有评价声称："西部著名的警长与他们绳之以法或杀死的人毫无分别。"[16] 怀特·厄普本身也是个褒贬不一的角色，他曾是"赌徒、酒吧老板和皮条客"。[17] 有趣的是，20 世纪 60 年代，塞尔吉奥·莱奥内（Sergio Leone）这位意大利导演开创了"意大利西部片"（spaghetti westerns）这一新流派，他的《西部往事》（*Once Upon a Time in the West*）等影片抽象离奇，比好莱坞的西部片原作更能反映道德模糊性。大多数这些电影"寓言"的艺术根基都在于隐晦地确认了市民社会和秩序十分珍贵，而在愈加动荡的当今世界，建立社会的公序良俗仍是人们需要解决的一大难题。

机关枪的发明

从每次扣动扳机都能发射的连发手枪，如柯尔特左轮手枪，到只要保持对扳机的压力和弹药储备充足就能持续发射的全自动武器，这似乎只是枪支发展中的一小步。和诞生于不同时代的动力织布机和喷气发动机一样，机关枪问世的时机已经成熟。1860 年，虽然还需要做各种改进，但机关枪已初具雏形。当时，众多枪匠和发明家都致力于研究机关枪，理查德·加特林（Richard Gatling）就是其中之一，他发明的机关枪装有至少 6 个可旋转的枪管，可通过转动手柄重新装填弹药，多枪管设计可防止枪管过热。据说，加特林声称这种枪支的发明证明了战争是徒劳的，因为机关枪能够减小军队规模并降低伤亡率。和塞缪尔·柯尔特一样，枪械发明家似乎总会对自己的作品发表一些随意且不负责任的言论。

加特林机关枪发明时正值美国内战爆发，当时，南北军队都对其效果持怀疑态度，并未立即购入。然而，某些北方联邦军指挥官却私自购买了这种新型武器，还在 1864 年弗吉尼亚州彼得斯堡（Petersburg）战役中使用了它。

俄亥俄州的威廉·加德纳（William Gardner）等人也开始涉足枪械领域，其发明了加德纳手摇式机关枪，由普拉特·惠特尼公司进行商业化制造。这家著名的工程公司最初成立于美国"兵工厂"系统项目期间。这款新型枪械在测试中准确地发射了数千发子弹，赢得了英军的信赖。1884 年，英军分别向埃及和苏丹运送了至少一整船加德纳机枪，用于支援远征军，解救被迈赫迪军（Mahdi Army）围困在苏丹首都喀土穆的戈登将军（General Gordon）。

说到这儿，我们又得再次提起海军上将贝雷斯福德爵士。一支由他指挥的海军分遣队乘坐浅吃水明轮船沿尼罗河逆流而上，每艘轮船都拖着海军统称为"捕鲸者"（whalers）的各种大型敞舱船，船上满载士兵。遇到浅滩和急流时，需要人力在岸上用滑轮和缆绳拖拽船队而行。此举堪称一项勇敢者的活动，贝雷斯福德记载，最多时竟有1400 人同时拖动缆绳。

戈登将军当时的处境十分危急。1885 年 1 月，加内特·沃尔斯利（Garnet Wolseley）将军派遣了一支部队取道陆路，沿尼罗河上行以节省时间。贝雷斯福德和一支配有加德纳机枪的海军分遣队紧随其后。在距离喀土穆约 160 千米的阿布克莱（今苏丹阿布图莱赫）附近，他们与迈赫迪的骑兵部队迎头相遇。英军步兵团自滑铁卢战役[①]以来一直在服役，实力雄厚且战无不胜。其此次采用的战术是，敌军的骑兵冲锋时，前排士兵跪下，将步枪（原为毛瑟枪）向上竖起，枪

①　滑铁卢战役是指 1815 年 6 月 18 日，由法军与反法联军在比利时小镇滑铁卢进行的决战。最终，反法联军获胜，拿破仑帝国自此退出历史舞台。其中，英国陆军将领、反法联军领导者惠灵顿公爵"阿瑟·威尔斯利"对此次战役做出了卓越贡献。——译者注

上的刺刀向上倾斜，但先不开火，仅作为最后一道防线。他们身后是一排蹲着的士兵，时刻准备开火，后面还有第三排站立的士兵，当双方仅相距三四十米时后两排士兵才同时开火。士兵们需经过严格训练，精准控制火力，保持射击状态，才能确保胜利。加德纳机枪精度不高，过早开火会浪费子弹，而开火太迟则有可能让敌军战马和骑兵即使身负重伤也有机可乘、突破防线，从而形成一个突破性缺口让同伴们跃入英军方阵，从后方袭击。

　　贝雷斯福德带着海军陆战旅负责掌管加德纳机枪，他下令将枪械全部拖出来放于方阵的左翼。有人认为这个鲁莽的决定无非是因为贝雷斯福德热衷于摆弄新武器。然而，对贝雷斯福德本人来说，下令移动枪支并非一时冲动，而是他深思熟虑的结果。他回忆说：

> 　　我看见敌人……在方阵完全形成之前……千军万马从左侧跃入我的视野……如波涛般咆哮着席卷而至，呈万马奔腾之势，横冲直撞地向我们袭来……此时方阵的左后角还未形成完整阵型……我立刻意识到这个角落存在巨大危险。[18]

并且，方阵的后角常常是最薄弱的部分：

> 　　我命令士兵们将加德纳机枪移出方阵，放到左翼……我们把枪放在了离方阵大概五六步的地方……为确保万无一失，我还亲自上场示范。当我开枪时，看到敌人一排排地倒下，就像保龄球瓶一样……发射了大约40发子弹（操纵杆转了8圈）后，我降低了枪的仰角。作为指挥者，我尽力了……但此时枪却卡住了……眨眼之间，敌人已经冲到了我们面前。[19]

贝雷斯福德的手被一把长矛刺穿了，而"一把长矛穿过可怜的罗兹（其中一名机枪手），他在我旁边倒下死去"。实际上，除了贝雷斯福德，机枪手无一生还。贝雷斯福德挣扎着起身，却立即被来势汹汹的敌军逼回了方阵："敌军就像剧院里被火警惊动的拥挤的观众。我根本无法拔出剑和手枪。"[20] 幸亏敌军也实力大减，方阵后排"此刻占据了高出敌人几英寸的有利地形"，找到了开火的好时机。他们瞄准前排同伴之间的空隙，朝着头顶上方甚至是脑袋之间的空隙开枪，一颗子弹还穿透了贝雷斯福德的头盔，火力和骑兵终于把所有进入方阵的敌兵击败。终于，"敌人撤退了……他们孤注一掷的勇气令人惊叹"。[21]

可惜为时已晚，英军已经错过了解救戈登将军的最佳时机。大约一周后，戈登将军连同整个卫戍部队被迈赫迪军消灭。当英军的救援部队到达时，迈赫迪军的旗帜早已在城市上空迎风飘扬。

有人认为是沙粒导致了加德纳机枪的卡壳故障。亲历了这场战争的贝雷斯福德称，黄铜子弹质量低劣，发射时会剧烈膨胀，当弹头和子弹边缘已出膛时，其余的部分却还卡在后膛里。显然，除非机关枪是完美无缺的，否则在战争中并不能发挥作用。

战斗结束后，英军发现从陆路杀到喀土穆并不现实，但是返回尼罗河的路途和这场战斗一样艰辛，部队屡次遇袭，士兵们于是用马鞍、压缩饼干、死骆驼和弹药箱搭建了临时护栏。战士们连续跋涉并战斗了四天三夜，未曾合眼，几乎连水都没有喝："舌头肿痛得厉害，嘴唇发黑，口中都是白色的黏液。"迈赫迪军士气高涨，士兵们不断向英军狙击手发起攻击。英军再次组编阵型，通过持续且有序的火力防御，最终艰难抵达尼罗河。贝雷斯福德记载："士兵们筋疲力尽，在河边喝完水爬上岸后便直接倒下了。"[22] 接着，贝雷斯福德带领士兵们重新登上了其中一艘名为"萨菲耶"号（Safieh）的明轮船。在岸边

187

持续的炮火攻击下，他们身着破损的盔甲，操作着简易的炮架，朝着
下游杀出一条回归的血路。加德纳机枪此时被固定在船上，所幸一切
运转正常，在协助船只返航尼罗河的过程中发挥了重要作用。英军依
旧死伤惨重，有一次，锅炉被打穿了，一名司炉工被冒出的蒸汽活活
烫死，还有许多士兵遭受重伤。在猛烈的炮火中，他们只能对锅炉进
行简单修补。多年后，基奇纳勋爵（Lord Kitchener）偶然发现了废
弃的"萨菲耶"号，于是命人将早已破损不堪的锅炉修复后取出，作
为礼物送给贝雷斯福德，以此纪念他指挥"萨菲耶"号并带领英军成
功撤退的伟大壮举。

　　亨利·纽波特爵士（Sir Henry Newbolt）写作《生命灯火》

威廉·加德纳正演示加德纳机
枪，摄于19世纪70年代后期。

雷明顿单发滚轴闭锁步枪。英方为埃及军队配备了精良的美国武器，但迈赫迪军缴获了其中大部分。

（*Vitaï Lampada*）一诗的灵感或许源自阿布克莱的陆战，诗中这句"加油！加油！赢下这一局！"反复出现，诗歌也因此而闻名。该诗大约写于维多利亚时代，体裁为罗曼司①。23

今夜的赛场如此静谧，

满分和胜利已触手可及；

紧张的气氛，耀眼的灯光，

还有一小时比赛便开启。

并非为了那荣誉战衣，

亦并非为了一己私欲；

为的是队长轻拍着自己的肩膀说：

"加油！加油！赢下这一局！"

大漠之沙浸染得通红，

方阵遭瓦解，鲜血漫残躯；

枪炮已失效，上校已阵亡，

战士在硝烟中茫然无措。

死亡之水已没过岸堤，

英格兰尚远，名誉皆须臾；

孩童的声音鼓舞了士气：

---

① 罗曼司是一种特定的文学形式，在欧洲中世纪多以吟唱诗歌的方式出现。——译者注

"加油！加油！赢下这一局！"

189

此话年年在耳边响起，

学校亦在此建立；

每一位学生都要听好，

听过之人亦不曾忘记。

人人都将以愉悦的姿态，

如同熊熊火焰生生不息；

向后来的人们一直传递：

"加油！加油！赢下这一局！"

贝雷斯福德根据自身丰富的战争经验指出，英国步枪子弹的弹壳质量太差，每次战争中几乎都有近半数的枪因此被卡住，而迈赫迪军的（美国）雷明顿步枪使用的是实心黄铜子弹，不会造成这种问题——虽然此前英国还曾将"美国系统"引进恩菲尔德兵工厂，由此对国内武器进行了长达 40 年的现代化升级改造。贝雷斯福德补充道，英国人在战争中使用的刺刀和短剑劣质又弯曲："刺刀都钝了，也没人想过要打磨，相比之下，阿拉伯人的长矛就像剃须刀一样锋利。"[24]

抛开其狩猎文身和自大的性格特点，贝雷斯福德确实胆识过人，他也已经明白，武器制造的核心便是质量。然而，他和杰基·费舍尔并未就海军规划达成一致意见，还存在诸多其他分歧，这可算是英国的一大损失。

马克沁"飞行机关枪"

尽管手摇式机关枪赢得过无数赞美，发明家却依旧梦想着设计出全自动手枪。和发明连发手枪的塞缪尔·柯尔特一样，海勒姆·马克沁（Hiram Maxim）也是个有点浮夸、富有创造力且喜欢自我推销的北方人。据传，他曾结过三次婚，大部分他自己讲述的曲折人生经历都收录于他本人有点夸大却引人入胜的自传中。[25] 他在缅因州长大，在美加边境工作，曾为面粉厂发明了一种带有发条装置的自动捕鼠器，因为普通捕鼠器每次只能抓获一只老鼠。他还发明了自动喷水灭火器、机车前灯等众多设备。虽然他没有接受过正规训练，却能够在叔叔的机械车间工作，并在一家纽约工厂担任工程绘图员，同时利用晚上的空余时间阅读机械和科学相关的百科全书。他强壮过人，擅长格斗，只需将对手举过头顶或将其扔下台阶便能打赢对方。他称："放眼整个美加边境地带，人人皆知我的实力。"[26]

后来，马克沁成为煤气生产和照明领域的专家，因此成为一名电气工程师，声称自己发明白炽灯泡的时间比爱迪生更早。1884 年，他前往伦敦经营一家照明公司，并在哈顿花园租了间店铺，专门研制机关枪。一位有名的枪匠曾劝他说："别干了，这么多年了，成千上万的人都在研究枪，结果呢？每年还不是有数百起失败案例。"[27]

多数机关枪设计者此后都采用了将弹药燃烧产生的一小部分气体从枪管的一个气孔排出，令活塞转动以实现重新装填的方式。马克沁则与众不同，他早年在边远地区积累了丰富经验，对步枪的后坐力原理十分了解，他设计了一个系统：利用后坐力将枪管向后推，打开后膛取出子弹，再装填一发新的子弹，整个流程依靠精准的滑轨、杠杆和弹簧完成。贝雷斯福德称，这款枪使用的弹药也同样精良，与枪支本身的设计高度吻合，因此马克沁机枪在性能上非常可靠。

马克沁同钢铁与武器制造商英国维克斯公司（Vickers Company）开展合作，批量生产这款枪械，并搬到肯特郡贝克斯利附近鲍德温公园的一栋豪宅里，在这栋豪宅里，他频频向外国政要展示枪支，还用它来砍树，不遗余力地宣传自己设计的武器。当时，尽管市面上也有其他类型的枪械，威廉二世（Kaiser Wilhelm）却唯独对马克沁重机枪与众不同的表现赞不绝口："这才是枪嘛！其他的也能叫枪？"虽然军队在选择武器时毫不例外都体现了强烈的民族主义倾向，但是在一战期间，英国和德国都不约而同地使用了基本设计相同的马克沁机枪。

191

和柯尔特、加特林一样，马克沁也对自己发明的重机枪发表过轻率的言论，他回忆称，某位同胞曾对他说："你要是想赚大钱，不如发明一些欧洲人可用于自相残杀的东西。"[28] 在这之后，他才开始研

一棵直径为 46 厘米的白蜡树。在一次有中国外交官参加的活动中，马克沁曾用小型马克沁机枪在几秒钟内将树砍倒。右侧为马克沁。

192

海勒姆·马克沁自称："要给我
孙子看看这把枪。"

究机关枪。他还带有一种令人难以置信的天真，非常疑惑自己为什么
会因发明了"杀人机器"而非一些小的医疗器具而出名，比如用于治
疗支气管炎的吸入器，他称之为"马克沁安宁管"（Maxim's Pipe of
Peace）。同时，他开始从事飞行领域的科学研究。他认为 19 世纪的
科研进展表明人类的飞行梦很有可能成为现实，而非仅仅停留在幻想
层面。自 1894 年起，马克沁便着手在家附近的公园空地制作飞行器，
他设计了一个巨大的空气动力机车，亲自研制了两个轻便又强大的蒸

汽机为飞行器提供动力。飞行器的翼展与如今的波音 737 如出一辙。他打算通过将机器拴在其制作的一段构造特殊的轨道上，解决棘手且未知的飞行器首、尾及侧面平衡问题，这会让设备抬升约 12.5 厘米。该方法十分奏效，完全能够将设备抬起，缺点则是控制性能稍差。在某次飞行中，飞行器挣脱了轨道自由抬升，蒸汽机被匆忙关闭后，飞行器坠落到地面。

193

　　常有人说，马克沁从未想过让这台充其量只是个试验品的设备真正飞行，然而当时马克沁本人的说法却与此相矛盾。他写道，通过初步运行建立平衡后，接下来"我们需要带个人去处理两个水平舵，进行试飞，运行发动机并自行调整方向"。[29]

　　显然，马克沁曾试图研制"飞行机关枪"，当时，他担任维克斯父子与马克沁公司（Vickers, Sons & Maxim）的董事兼合伙人，该

马克沁的飞行器位于肯特郡的鲍德温公园内。照片拍摄于坠毁事故后，照片中马克沁本人正操控着飞行器。

公司的主要业务是制造武器，其为马克沁的相关实验提供了资助。有一次，马克沁竟谦虚地承认："我在鲍德温公园做研究时太狂妄了。"然而不久后，这种武器真的出现了。到 1915 年为止，歼击机或"侦察机"都装备了两挺机枪。到 1938 年时，前线的英军战机已配备了至少 8 挺 0.303 英寸口径勃朗宁轻机枪。

米哈伊尔·卡拉什尼科夫与突击步枪

　　突击步枪的诞生完全是悖论的结果。19 世纪末，步枪改良得更为精准，功能也更强大。布尔战争向欧洲军队展示了精确的远程武器的价值，因此，一战时，英军步兵的标准武器变成了著名的 0.303 英寸口径李－恩菲尔德步枪。这款枪所使用的子弹较重，常见的瓶型子弹中装有大量推进剂，瞄准距离为 200~2000 码，不过，通常情况下没有人会在 2000 码开外进行瞄准射击。这种枪进行精准射击的最佳距离为 400~500 码，不过，即使在 2000 码处进行远距离射击，子弹仍具有致命的杀伤力。因此，部分步枪兵组成了火力网，在远处持续而猛烈地齐射，就像阿金库尔战役 ① 中的弓箭手们一样，只要集中火力俯射，一定能消灭大量敌军。这种方法常被称作步枪射击术而非枪法，曾被视为英军的荣耀之一——或至少是 1914 年那支训练有素的、远征法国的部队曾引以为傲的。这款枪的弹仓内装有 10 发子弹，每次射击后，士兵都需将锁住后膛的枪栓打开并拉回，让空弹壳弹出，并再次向前滑动枪栓，从下方的弹仓中取出一发新的子弹，将其装入后膛，最后将机柄朝下推向枪托，将其锁定在适当的位置并封闭后

---

① 阿金库尔战役是 1415 年的 10 月 25 日在法国圣波尔县阿金库尔爆发的一次军事冲突，交战双方分别是亨利五世率领的英格兰王国军与夏尔·德·阿尔布雷特伯爵、让·勒曼格尔元帅指挥的法兰西王国军，是英法百年战争中著名的以少胜多的战役。——译者注

膛。一个操作熟练的步枪兵可在一分钟内完成 15 次瞄准射击。

显然，这款枪非常适合防线被荒凉的无人区隔开的堑壕战，而在近距离枪战中，当战壕被敌军占领和入侵时，使用又重又长还不太精准的武器肯定是个错误的选择，此时需要的是更短小轻便且火力更密集的武器——一把轻便的机关枪，也只有在这种情况下，巨大的火力才是关键因素。1918 年，美军准将约翰·T. 汤普森（John T. Thompson）预见了这一新趋势，发明了汤普森冲锋枪，他发现，栓动步枪不足以应对近战。最初，他将自己发明的更轻便且能够快速射击的武器命名为"战壕扫帚"（the trench broom），后来这种枪成为黑帮手中的"芝加哥钢琴"，以此更加出名。

直到二战，武器研制的重点仍集中在攻击力、精确度和射程上。军事当局忽视以上特点似乎有悖常理，或许因为他们还在解决使当时的步枪能实现自动装弹和自动连发的问题。然而，正如我们所见，普通步枪的弹药威力太大，并不适用于自动手枪。一方面，武器过热易导致故障，另一方面则是后坐力实在太强，即使准备很充分，把步枪放在肩上合适的位置进行射击，也会产生极大的后坐力。然而，通过手枪实现自动扫射不切实际，无法很好地操控，所以此前的机关枪都十分重并被牢牢地安装在三脚架或马车上。

英国 0.303 英寸口径李-恩菲尔德步枪是世界上服役时间最长的枪之一，一战和二战期间都广为使用，以英国恩菲尔德兵工厂及苏格兰裔美国发明家詹姆斯·帕里斯·李（James Paris Lee）命名。这种武器拥有可靠的弹仓和枪栓系统，射速很高。英国陆军情报军官 T.E. 劳伦斯（T. E. Lawrence，被称为"阿拉伯的劳伦斯"①）在阿拉伯半岛抗击土耳其军队期间亲自验证了这种枪的特性。

① "阿拉伯的劳伦斯"是英国历史上最具浪漫主义色彩的传奇人物之一，曾领导阿拉伯起义争取民族独立，成为深受阿拉伯人景仰的"无冕之王"，其传奇事迹家喻户晓。——译者注

一些军事强国也曾研发了突击步枪，使用了介于手枪和步枪子弹之间的、较短的中等威力的子弹。起初，因为希特勒回忆起自己在一战中的经历时认为士兵应配有一支合适的长步枪，著名设计师雨果·施迈瑟（Hugo Schmeisser）研制的自动步枪就被德军高层伪装成"冲锋手枪"。不过，德军确实配备了各种轻型自动武器，他们通过多次在距离 200~400 米的范围内与敌军交战，很快便发现这种武器比传统的老式栓动步枪更有效。短兵器的精度损失不会造成问题，尤其在压制敌军火力时，一定程度的分散射击其实是个优势。最后，就连希特勒也变成了短兵器的狂热爱好者，将这种武器命名为"突击步枪"（德文为 Sturmgewehr，英文为 assault rifle），并在与苏联的战争中部署了大量 StG-44 型突击步枪。可以这么说，在设计上，它是当今所有突击步枪的鼻祖。

1941 年，米哈伊尔·卡拉什尼科夫在部队中任 T-34 坦克中士指挥官。他曾在莫斯科以西的布良斯克市（Bryansk）附近与德军交战，被炮火击伤后在莫斯科南部的一家医院接受治疗。他后来回忆说，在医院里，人们经常讨论不同武器的优点和德国士兵使用的轻型突击步枪的优势。

在"为苏联士兵提供更完善的武器"这一愿望的鼓舞下，他着手钻研武器设计，画出了冲锋枪的草图。他当时尚未完全康复便离开医院进入铁路机务段工作，说服经理让他使用车间。数月后，一种"功能性自动武器"诞生了。根据各种流传下来的史料，这种新颖的武器并非卡拉什尼科夫突击步枪的原型，却体现了设计者的卓越能力和贡献。卡拉什尼科夫后来想到了办法进入捷尔任斯基军事学院（Dzerzhinsky Ordnance Academy），开始正式学习武器设计。

二战前后，苏联各大设计团队开展了研发新型突击步枪竞赛，卡拉什尼科夫的设计显然取得了胜利。卡拉什尼科夫称，竞赛接近尾声时，他遇到了著名的武器设计师瓦西里·阿列克谢耶维奇·捷格加廖夫将军（General Vasily Degtyarev），将军宣称："卡拉什尼科夫中士组装模型的方式比我的更加巧妙，我确信他的模型将更有前景。我打算放弃参加最后的决赛了。"（此事未经考证）[30]

196

汤普森将军发明的"战壕扫帚"。这款枪研发于俄亥俄州克利夫兰市，1918 年正准备装运，遗憾的是，这个武器对于一战来说为时已晚。

有人猜测，卡拉什尼科夫借鉴了其他设计团队的主意，通过各种 198途径获取灵感，更像是个"拼凑发明家"而不是真正的创新者。但不论是有意还是无意，又有哪个设计师不从其他人身上汲取灵感呢？甚至有人认为，作为在卫国战争（Great Patriotic War）[1]中受伤的战士，卡拉什尼科夫只是一个更大的匿名设计团队随手选中的苏联傀儡。还有人说，雨果·施迈瑟也曾参与设计，自德国分裂后直至 1952 年，他一直在苏联从事武器研发工作。

上述争议并无定论，卡拉什尼科夫也总是极力反驳。毫无疑问，他确实是个十分聪慧、极具创造力以及经验丰富的机械设计师。既然我们能够欣然接受几乎未经正规工程学训练的皇家空军少尉弗兰克·惠特尔（Frank Whittle）发明了彻底颠覆航空业的发动机这一事实，那么一个自学成才的坦克中士成功设计出了突击步枪，又有什么好令人惊讶的呢？

卡拉什尼科夫突击步枪表明一点：简单的才是最好的。在同类产品中，它并非最轻巧和最精准的，却好评如潮，因为甚至是没有作战经验的新兵也能利用其"有效御敌"。这款枪因适应性强而闻名，主要归功于一个特殊的设计：在零件之间的配合上特意弄得比较松散，但枪栓除外，精密的枪栓确保能够精准封闭枪支后膛，其他零件的间隙能够使其对污气、灰尘、沙子和水汽产生出色的抵抗力。

斯通纳与阿玛莱特步枪

美国的 M16 卡宾枪与卡拉什尼科夫突击步枪的功能相仿，不过

---

[1]　卫国战争即苏德战争，是第二次世界大战期间苏联为抵抗纳粹德国及其仆从国侵略进行的战争，是世界反法西斯战争的重要组成部分，也是第二次世界大战中规模最庞大、伤亡最惨重的战争。——译者注

它诞生的民族文化截然不同，其首要的设计目的是强化步兵手中的火力。卡拉什尼科夫使用严格的、经过测试的技术和传统零件制造了令人难以置信的坚固武器，但与之不同，M16 卡宾枪是高度技术官僚化的美国航天界的产物，其设计充分体现了美苏两国不同的看法和目标。M16 卡宾枪虽和卡拉什尼科夫突击步枪一样是近距离自动射击武器，却在更轻巧的同时保持了高精度。可以说，在众多的美国步枪类型中，M16 卡宾枪拥有独特的历史与个性，这一点和卡拉什尼科夫突击步枪如出一辙。

为了研制 M16 卡宾枪，首先成立了阿玛莱特公司（ArmaLite Company）。"阿玛莱特"（ArmaLite）一词的字面意思是利用航天技术减轻枪支的重量，并放弃一些传统制枪业的习惯做法。它的"枪体"（furniture）（木质枪托和握把）由高科技塑料制成，主体部分或"机匣"（receiver）[在英式英语中常称作"枪机"或"枪机主体"（action or action body）] 也并非由钢而是由高级航空铝合金制成，枪管也是铝制的，只有一个薄钢衬。

阿玛莱特步枪源自洛克希德飞机公司（Lockheed Aircraft Company）工程师兼专利律师乔治·沙利文（George Sullivan）的特别创意。沙利文认识仙童航空公司（Fairchild Aviation Company）总裁理查德·鲍特尔（Richard Boutelle）。鲍特尔也是一个枪支爱好者，资助仙童航空公司的分支机构——阿玛莱特公司。某日，沙利文偶遇了航空设计工程师尤金·斯通纳（Eugene Stoner），当时斯通纳正在靶场试用自己设计的枪。二战期间，斯通纳曾任美国海军陆战队军械师，负责维修各类武器，后来，天资聪颖的他通过自学成为武器设计师。这两人一见如故，相谈甚欢。不久后，斯通纳以总设计师的身份在阿玛莱特公司就职。

最早的阿玛莱特步枪十分轻巧且功能强大，堪称不折不扣的高科技产品。突击步枪重在输出强大的火力，于是，斯通纳便将其口径设计得与农民灭杀害虫所用的步枪类似，并采用了直径仅为 0.223 英寸的小型子弹。他认为，设计出超高射速的武器不成问题，但倘若士兵将弹药耗尽便毫无意义了。对于步兵而言，装备的重量意义重大。老式"全功率"美国 M14 步枪使用 0.308 英寸的大子弹，相比之下，阿玛莱特步枪的子弹小而轻，因此步兵随身可携带的弹药是以前的近两倍。[31]

　　然而，斯通纳并未打算削弱这款枪的攻击力。它拥有强大的子弹，枪口初速约为卡拉什尼科夫突击步枪的 1.5 倍。这意味着就杀伤力或攻击力而言，阿玛莱特步枪和卡拉什尼科夫突击步枪不相上下，但其超高的枪口初速意味着阿玛莱特步枪的弹道更平（子弹下坠量更小），在远距离射击时更精准。

　　遗憾的是，阿玛莱特公司生意并不好，订单数量不足以维持其经营，最后只能将主要设计卖给柯尔特公司。尽管当时该步枪设计引起了美国空军司令柯蒂斯·李梅将军（General Curtis LeMay）的关注（其最有名的事迹是曾放话威胁要将北越炸回到"石器时代"）。据称，理查德·鲍特尔曾邀请李梅将军前往其农场参加生日宴，并在距离 50 码、100 码和 150 码处分别摆放了 3 个西瓜。李梅将军用 AR-15 式自动步枪进行了试射，打中了 50 码和 150 码处的西瓜。

　　西瓜被打碎的画面令李梅将军印象深刻。AR-15 式自动步枪的子弹又小又长，移动速度极高。从动力学来看，这款枪配上这样的子弹，在击中目标时子弹并不会干净利落地穿透它，而将翻滚着在局部爆炸性地释放所有能量。射击西瓜一事充分显示了这款枪巨大的杀伤力，用轻武器术语更委婉地说便是"停止作用"（stopping power）①。

---

① "停止作用"指弹头使敌对者丧失反抗能力的作用，其中手枪弹对停止作用的要求更加严格，列于战术技术的首位。

李梅将军心服口服，当被问及是否还想试试射击第三个西瓜时，他连忙拒绝："哦不用了！我们还是直接把它吃了吧。"[32]

起初，李梅将军为空军订购了 8 万支 AR-15 式自动步枪，但是他没有保证这款枪能作为通用步兵武器。到了 1962 年，美国陆军亟须更新其标准步兵武器。当时正值越南战争升级，在丛林中近距离作战时，苏军曾使用卡拉什尼科夫突击步枪偷袭美军，升级装备对美军来说是燃眉之急。

国防部部长罗伯特·麦克纳马拉（Robert S. McNamara）曾是著名的"精明小子"（Whiz Kids）团队成员之一。这些二战参与者都接受过科学管理及数量统计方面的训练，战后，众多团队成员都在国家事务中崭露头角，尤其是麦克纳马拉，他将现代管理原则引入福特汽车公司，后来升任该公司总裁。1960 年，肯尼迪（John F. Kennedy）政府邀请麦克纳马拉担任国防部部长。

实际上，这是对基思·约瑟夫（Keith Joseph）和玛格丽特·撒切尔（Margaret Thatcher）提出的反政府主义政策的预演。麦克纳马拉认为美国的国有兵工厂毫无价值，这些庄严神圣的兵工厂曾引发武器生产和制造业领域的革命，而如今它们的存在却显得不合时宜。为什么认为私营企业不能提供更优质、便宜且快捷的服务呢？于是，麦克纳马拉改革的第一步就是关闭了春田兵工厂，这家兵工厂曾是美国武器制造系统的摇篮之一，当时已有近两百年的历史。他还着手将其余兵工厂和军火企业统一合并为一个采购代理机构。

在越南战争中，美国陆军发现传统步枪已不再适用，国有兵工厂开始走下坡路。与此同时，柯尔特公司恰巧获得了设计具有革命性意义的轻型阿玛莱特步枪的授权。一切准备就绪，阿玛莱特 AR-15 式自动步枪或如今陆军命名的 M16 卡宾枪似乎已唾手可得。

但不知出于什么原因，尽管柯尔特公司的合同要求尽快引进这种新武器，政府却缩减了武器采购规模，研发过程因此受阻。在这个仓促且管理不善的项目中，M16 卡宾枪在越南初次交付时，性能远不如早期的阿玛莱特步枪。更令人费解的是，柯尔特公司和包括首创者尤金·斯通纳在内的设计团队准备好武器后，陆军采购系统中某个不相关的独立部门却更换了子弹以及推进剂（火药）的类型，这意味着该武器在越南时所使用的弹药与研发期间的完全不一样。

　　自动武器的性能与使用的弹药紧密相关。新的火药气体压力增大了约 1/4，或许有人认为这是好事，而实际上这将导致 M16 卡宾枪的射速上升至每分钟 1000 发（并非 700~800 发），增加了其负荷。而且，新的火药"更脏"，会产生更多残留物，在由气体驱动的自动武器中，某些残留物必将沉积在内并造成污染。此外，这款步枪所使用的材料也不合适。火药残留物以及越南的湿热气候会使关键的内部零件腐蚀甚至生锈。但最严重的问题还是新的子弹发射时产生的气压增大了，这会导致弹壳在后膛内剧烈膨胀，很容易卡在膛内。

　　自动武器开火后的一瞬间，退壳器（退壳钩）开始将用过的子弹从后膛中取出。然而，与斯通纳一起设计早期阿玛莱特 AR-15 式自动步枪的设计师詹姆斯·沙利文（James L. Sullivan）仔细观察了这款武器，然后讽刺道："退壳器取出（子弹）时偶尔会弹出来。但武器可是容不得所谓'偶尔'的。"[33]

　　M16 卡宾枪的故障成了全国性的丑闻。突击部队在越南被打得落花流水，死伤不计其数。士兵们争先恐后地从死去或受伤的战友手中抢走武器，却发现这些武器也频频出现故障，只能硬着头皮继续战斗，直至把还能正常运转的步枪的弹药耗尽。大约两百年前，当贝雷斯福德爵士率领的部队在苏丹遭遇敌军袭击时，他们所使用的加德纳机枪也曾遇到过类似的问题。贝雷斯福德当时也曾指出，武器与弹药的匹配度至关重要。

202

在越战中，一些美国官员冒着风险对武器进行了公开批评。普通军人私下给父母写信，告诉他们武器的问题，父母们十分担心，于是又给国会议员写信。除了子弹和腐蚀的问题，许多部队还缺少清洁工具（或称"通枪条"）。步枪的种种问题成了公开的丑闻，接着，国会成立了专门委员会进行调查。最终，柯尔特公司和政府部门共同解决了上述问题，M16 卡宾枪也终于兑现了设计之初的所有承诺。

203　　一切怎会变得如此糟糕呢？当时，连发枪虽已被人们充分了解，但仍是一种相当复杂且灵敏的机械装置，设计上每个细微的变化都会带来新的挑战。每个部分的材料、形式、硬度、抗拉强度及化学成分都需经过十分谨慎的选择、改进和试验。

以往的兵工厂作风严谨，虽然效率不高且价格高昂，但始终把交

三等兵迈克尔·门多萨（Michael J. Mendoza）在越南战争中使用 M16 卡宾枪扫射，摄于 1967 年 9 月 8 日。

付功能完备的武器视作它们神圣的职责。再者，除了设计与研发武器的过程，还需复杂的后勤系统与之配合，将武器连同合适的弹药、清洁工具和与之匹配的枪油一起运送到作战部队。

也许是因为麦克纳马拉的改革面临了重重压力，且他急于将新武器投入使用，这款枪的发展之路并不顺利。与卡拉什尼科夫突击步枪相比，美国 M16 卡宾枪项目是历史悠久却日薄西山的国有兵工厂与美国工业发展之间的一场强力碰撞。有作者曾写道，当时的"美国既不奉行资本主义，也并非完全国有制，它就是个不和谐的混合体"。[34]

204

结　语

卡拉什尼科夫的晚年就像契诃夫的剧本《婚礼》中的冒牌将军①一样，只在重要仪式或俄罗斯贸易中才像个德高望重的长辈一样现身。[35] 他游历甚广，在美国还曾与突击步枪设计领域的劲敌尤金·斯通纳见面，两人相处十分融洽，畅谈了武器设计师的工作与生活的点滴。有旁观者对此备感惊讶，称他们此前虽未曾谋面，"却仿佛非常了解彼此"。[36] 两人会面时留下的合影堪称军火界众多令人捉摸不透的怪诞记录之一。照片中的两个中年人衣冠楚楚，打着领带，笑容满面，和蔼可亲——就像家庭聚会上的长辈叔叔们——却都与杀伤力无敌的突击步枪有着不解之缘。尤其是二人为了展现风度，都举着对方设计的枪。

卡拉什尼科夫虽被誉为苏联时期的英雄人物，他却认为即使已身处苏联解体后转向资本主义制度的俄罗斯，自己仍未获得应得的物质回报。他素来生活简朴，曾抱怨道："斯通纳还有自己的飞机呢！"但

---

① 契诃夫戏剧《婚礼》中的一个角色，这个被邀请出席婚礼的冒牌大人物"将军"曾失态地大谈水兵生活。

米哈伊尔·卡拉什尼科夫（右）与阿玛莱特步枪和M16卡宾枪的设计者尤金·斯通纳的合影，摄于1990年。二人都拿着对方设计的步枪。

就武器生产的数量而言，卡拉什尼科夫显然更胜一筹——世界上现存约 1 亿支卡拉什尼科夫突击步枪。[37] 而斯通纳设计的阿玛莱特步枪却仅有约 1000 万支，无法与之相提并论。

造成上述差异的原因如下。首先，卡拉什尼科夫突击步枪是冷战的产物。鼎盛时期的苏联及华沙条约组织各成员国拥有史上最庞大的一体化陆军作战系统，包括数百万人规模的武装力量，当时，无论前线部队还是炊事班和机场防卫队，都将 AK-47 作为标准突击枪，导致伊泽夫斯克（沙皇统治时期的兵工厂城镇）的工厂大批量生产 AK-47 步枪。其次，苏联及其卫星国将卡拉什尼科夫突击步枪大规模出口至世界各地，为有需要的国家和内战中的革命团体提供支持和援助，这使其产量爆发式增长。与此同时，阿尔巴尼亚、中国、东德（德意志民主共和国）、波兰等众多国家也在获得授权许可后开始生产卡拉什尼科夫突击步枪，使之成为世界上产量最大的武器。在许多地区，这款枪的市场价格已经成为一种评测不安全性的股票市场指数。

卡拉什尼科夫和加特林、柯尔特一样对自己的发明可能造成的影响漠不关心，甚至还说这是爱国行为。在 2007 年 AK-47 问世 60 周年之际，他曾如此说道："我反正睡得挺香的。政客们才应该因为未能通过协商达成共识从而诉诸武力而受到谴责。"[38]

"达尔文进化论也适用于机械和各种发明"曾是技术史上的传统观念。然而，此后的历史演变却驳斥了类似的技术决定论观点，总是会有极具创意的替代方案出现，大多数我们未曾涉足，抑或浅尝辄止：V2 火箭与兰开斯特式轰炸机；布鲁内尔（Brunel）的宽轨铁路与斯蒂芬森（Stephenson）的窄轨铁路；单轨铁路与"哥们，我的飞车在哪？"（"dude, where's my flying car？"）……众多技术层面的选择都只能通过社会政治背景解释。不过，从柯尔特左轮手枪一类的连发枪，到火力不断增强的重机枪，再到轻巧、便携的自动突击步枪，枪支的发展路径似乎格外顺理成章。即使社会条件和人的主观能动性导致产生了各种各样的选择，结局却总是殊途同归：从 19 世纪美国的"兵工厂项目"到柯尔特左轮手枪、马克沁重机枪和卡拉什尼科夫突击步枪，武器繁荣发展的残酷历程跃然纸上，可由个人支配的武器的火力与杀伤力也突飞猛进。[39]

如今，在许多国家，私人持有突击步枪已成为常态，却从来没有一个国家的步枪总量或人均持有量能与美国匹敌。出于复杂的历史和法律原因，美国政府并未公布枪支所有权相关的官方统计数据，但据估计，突击步枪已售出 800 万~1500 万支。不论尝试什么枪支管制策略，似乎结局都促进了枪支的销售，并引发大规模枪击案，枪支所有者因此非常担心新的限制措施出台。

出人意料的是，许多美国人都有卡拉什尼科夫突击步枪，并称对其强大的功能印象深刻，即便枪支迷们将斯通纳设计的 M16 卡宾枪誉

为"美国步枪",且将其创造者奉为家喻户晓的英雄。与吹嘘自身众多奇妙事迹的其他武器发明家们相比,斯通纳显得格外内向又谦虚。据说,卡拉什尼科夫在他们的一次会面上和斯通纳就"美国步枪"这一赞美开了个玩笑,吹嘘自己的步枪赢得了革命,推翻了暴政,堪称世界上最可靠的步枪。斯通纳却低调地回答说:"我不过是每个月都会收到一张版税支票罢了。"40

2003 年,利比里亚共和国首都蒙罗维亚,一名儿童兵手持 AK-47 步枪。

7

从死亡射线到星球大战

随后，一小队黑色人影从豪塞尔镇方向走到了离沙坑不足30码的地方，为首的一位摇着白旗……沙坑里突然闪了一下光，节奏分明地喷了三次烟，荧光闪闪的绿烟一团接一团，在无风的空气里笔直地升入空中……与此同时，那群七零八落的人纷纷起火，好像无形的火焰喷射到他们身上，银光一闪，他们转瞬间都变成了白亮的火球。

借助他们燃烧自我的火焰，我看到他们跟跟跄跄地扑倒在地，他们的追随者转身往回跑。

我站在那里目瞪口呆，还没意识到死神正在一个接一个地攫走远处那群人的生命……一道几乎毫无声息的强光扫过，人就一头栽倒，纹丝不动了。无形的光柱到处闪动，松树戛然燃烧……死神的火焰——这把无形的、所向披靡的热光之剑，在迅疾而又稳健地挥舞着。[1]

---

① 〔英〕赫伯特·乔治·威尔斯：《世界大战》，李建波、唐岫敏译，大连理工大学出版社，2018，第24~26页。——译者注

以上是赫伯特·乔治·威尔斯（H. G. Wells）在其知名的科幻小说《世界大战》（*The War of the Worlds*, 1898）中所描述的火星人使用的热射线，该书中提及的"绿色之火"似乎是对光束和激光武器的一个富有预见性的描述。然而，时至今日，这样的武器才开始逐渐成为现实。

虽有人称塞尔维亚裔美籍电气发明家尼古拉·特斯拉（Nikola Tesla）曾于 20 世纪 30 年代设计了一种高频电子束能量武器（据称他以 3000 万美元的高价向英国政府提供了该武器），但在现实中，人们却认为"死亡射线"荒诞至极，只不过是通俗科幻漫画和《飞侠哥顿》（*Flash Gordon*）等典型的太空科幻片的主题。

1934 年，美国空军科学研究中心（Scientific Research at the Air Ministry）主任温珀里斯（H. E. Wimperis）大胆提出：如今是否有可能以无线电波的形式提供足够能量使敌机的发动机停止工作，或制服其机组人员？彼时，关于德国打算重整军备规模的传言令人忧心忡忡，有关纳粹使用死亡射线的谣言广为流传。温珀里斯深思熟虑道："形势紧迫，不管看上去多么不靠谱的途径都必须探索；通过辐射传输大量电能将是未来的主要任务之一。"于是，他向生理学家、高射炮先驱希尔（A. V. Hill）[2] 求助："无线电波能产生致命的能量吗？"希尔告诉他："在某次相关实验中，老鼠尾巴上的皮肤都被烧掉了。"转而他又谨慎地询问了政府无线电研究所（Radio Research Station）的罗伯特·沃特森－瓦特（Robert Watson-Watt）。他小心翼翼地掩饰自己的来意，只是让沃特森　瓦特计算　下无线电波是否能使远处一定量的水的温度升高两摄氏度。沃特森－瓦特却没上当，立刻反应过来这恰恰就是人体内的水含量。他不无嘲讽地回忆说，自己"随即便意识到他们想要的就是那种恶俗的死亡射线"。这段有名的插曲标志着英国雷达的诞生。[3]

209

激光的高光时刻

20 世纪 50 年代末，激光的诞生引发了光束武器概念的复兴。激光能够产生不易在远处散开的、集中的大功率光束，这在当时尤为新奇，也为光束武器的问世提供了可能。到 70 年代末，激光的功率已提升，其可在工业领域内广泛应用于切割金属板等各类材料。

同时，在劳伦斯·利弗莫尔国家实验室（Lawrence Livermore 210 National Laboratory）工作的物理学家乔治·查普林（George Chapline）一直关注着苏联在 X 射线激光器方面的科研进展。X 射线的波长比可见光短得多，这意味着其破坏力强大，因此，外界怀疑苏联正秘密开发一种新型武器。

查普林的创新之处在于提出使用小型爆炸性核动力源来驱动激光器，其要点在于用核弹头爆炸时大量释放的 X 射线诱发激光，激光棒在迅速汽化前受激释放强大的 X 射线，放大为相干光束，可对目标进行瞄准。查普林和他的同事们开始着手进行若干地下核爆试验，以证实上述想法。

人们从一开始便意识到，如果 X 射线激光器能发挥作用，将成为反弹道导弹防御系统中的一员，因此这一想法获得了多数人的支持。1976 年，普林斯顿（Princeton）大学的物理学家杰拉德·K. 奥尼尔（Gerard K. O'Neill）出版了《高边疆：太空中的人类殖民地》（*The High Frontier: Human Colonies in Space*），该书成为新兴的反主流文化的太空倡导组织如 L5 协会（L5 Society）的宣言，L5 协会以拉格朗日点 ① 命

---

① 　拉格朗日点（Lagrange Point）又称为平动点，在天体力学中是限制性三体问题的五个特解。瑞士数学家欧拉于 1767 年推算出前三个点（L1、L2、L3），法国数学家拉格朗日于 1772 年推导证明剩下两个点（L4、L5）。拉格朗日点邻域内的周期或拟周期轨道，为天体探测任务提供了理想的场所，因而得到科学家们的关注。——译者注

名，这一点是太阳系中重力平衡的位置，这一点的邻近区域被视为将来建立太空殖民地的最佳地点。

L5 协会开展了一场耐人寻味的乌托邦运动，它将阿波罗登月计划（Apollo Moon Landings）仅仅看作奥尼尔提出的雄心勃勃的太空殖民地计划的前奏，这一运动深受麻省理工学院梅多斯（Donella Meadows）等学者于 1972 年发表的一份名为《增长的极限》（*The Limits to Growth*）的报告的影响。委托编写此报告的罗马俱乐部（Club of Rome）是一个由资深政治家、科学家和经济学家组成的国际智囊团，他们认为人口过剩以及资源和能源枯竭将对人类文明构成重大威胁。[4]

L5 协会的创始人卡罗琳（Carolyn）和基思·亨森（Keith Henson）认为，太空殖民对于摆脱这一迫在眉睫的危机至关重要。到 1976 年，该协会已将核战争列入紧急风险清单，被迫开始推动太空防御进程。其太空定居计划包括在太空中安置巨大的太阳能电池板，以便将能量传回地球，因此，利用太阳能驱动全新且潜力无限的激光武器十分具有吸引力。同时，亨森夫妇称，只有推出一个军事航天计划才能释放巨额资金，从而动员大规模工业和经济力量支持该协会实现宗旨：建立一个适合人类居住的大型太空定居点。

211

高边疆之谋

20 世纪 80 年代，美国推出具有划时代意义的星球大战（Star Wars）计划。许多人曾把这个计划看作最极端的国防科技推动者们不切实际的幻想。当时，在美国导弹部队的军事基地选址政策（即发射场的位置）上出现了一个难以解决的新问题。在美国军事战略家看来，苏联的陆基洲际弹道导弹（ICBMS）在数量上占有优势，其"发射重量"也大于美国武器，形成了一种新的战略不确定性。此外，其越来越多的导弹还配备了分导式多弹头（MIRVS）。然而，苏联的专家们持有不同观点，他们非常了解美国的其他核武器，如 B-52 战略轰炸机队发射的空中炸弹和防区外导弹，以及美国日益强大的潜艇导弹舰队。对美国人来说，苏联庞大的陆基导弹力量似乎打破了"相互确保摧毁"（Mutually Assured Destruction）原则[1]，而这一原则是在紧张激烈的冷战对抗中维持稳定局面的根基。

在这样的新情况下，美国担心苏联突然施行打击以摧毁自己的反击力量，同时苏方仍然保留大量导弹作为后备力量，迫使对手彻底投降。

由陆基洲际弹道导弹带来的强烈的不安全感促使美国国防战略家们积极思考诸多新奇的解决方案，例如，在内华达州或北（南）达科他州的某一个巨大的"赛马场"或铁路附近部署一支 MX 洲际弹道导弹小队，在四周建造大量发射基地（发射井），在任何危急时刻，导弹都可以在夜间从一个发射井转移到其他空的发射井，从而阻挠苏联的瞄准计划。

212

不过，任何军事基地选址方案中或许都隐藏着一个危险的陷阱——"战略死亡谷"，就像下象棋时在倒数第二步可能会突然面临致命的"将军"。即使美方能够不断更新防御部署和导弹基地位置，最终却有可能因苏联导弹制造的新的干扰功能而前功尽弃。美方军事专家意识到自己的国防工业基地几乎不可能在武器数量上超越苏联，但美国在技术上无可争议的领先地位或许能推动产生新的战略优势。

面对如此困局，一个美国独有的非政府机构诞生了，创始人为退役将军、前国防情报局（Defense Intelligence Agency）局长、罗纳德·里根（Ronald Reagan）的总统竞选顾问丹尼尔·格雷厄姆

---

[1]　"相互确保摧毁"（MAD 机制）是美国核战略的一种，它指美苏双方均拥有可靠的第二次核打击能力，即在对方首先实施核打击后，己方仍能生存下来，并具备完全摧毁对方的核报复能力。——译者注

（Daniel Graham）。格雷厄姆与前陆军部副部长、高级官员卡尔·本德森（Karl R. Bendetsen）合作创立了"高边疆"（High Frontier Inc.）这一全新的独立组织机构，从各大私人基金会及啤酒大亨约瑟夫·库尔斯（Joseph Coors）等富豪手中募集资金。库尔斯是里根的好友，也是其总统竞选的赞助商之一。该组织的想法经常和位于五角大楼的美国国防部产生冲突，或许其可被视为压力团体和智囊团的一部分，与政府和军队也有着松散的、私人的、或多或少非正式的联系。同时，"高边疆"这一名称也反映了创始人的担忧：苏联正逐步寻求建立太空军事优势，这将使美军威慑力量失效。太空正是个崭新的"高边疆"，该机构的目的之一便是让里根总统将太空导弹防御制定为国家策略。

对格雷厄姆和同事们而言，在曼哈顿计划（Manhattan Project，即二战期间研制原子弹的计划）框架下，这一重大国策将使一系列要求极苛刻的新技术得以实现，特殊的管理方式使该计划不再受常规政府渠道的约束。作为计划的重心，他们采纳了 L5 协会的想法：建造带有太阳能收集器的大型太空定居点，收集器将用来驱动他们所期待的激光武器。

1982 年 3 月，军事著作《高边疆：新的国家战略》（*High Frontier: A New National Strategy*）一书出版，书中对这项计划进行了概述。当然，该计划并未得到政府的正式批准。起初，格雷厄姆的团队估算成本为 100 亿~400 亿美元，然而估算的成本在后期却不断攀升，到 1984 年为止，专家们估计成本可能将高达 4000 亿~8000 亿美元。波音（Boeing）公司声称在曼哈顿体系下，95% 的袭击导弹都可以被摧毁。

爱德华·泰勒

与此同时，国防科学家、物理学家爱德华·泰勒（Edward

Teller）正不断改进 X 射线激光器。他对一切可能实现的关于弹道导弹防御的构思都充满热情，尤其是最终被命名为"神剑"（Excalibur）的核泵浦 X 射线激光器。作为劳伦斯·利弗莫尔国家实验室（创立于冷战高潮时期，负责开发新的核武器）的前主任及后来的联席董事，他对激光的发展历史了如指掌，对研究计划也有一定影响力。或许是借着"对未来负责"之类的理由，他大胆地谈论这项计划，称倘若将来资金充足，物理学将得到大力发展，这项研究也一定能成为现实。

在此期间，泰勒积极进行游说。一位同事回忆说，当泰勒谈到 X 射线武器时"似乎兴奋得全身颤抖"，这不禁令人联想起一个简单的工程原理："簧片处于自然共振频率时产生的振动最剧烈。"在这段时期，泰勒宣称自己"处于与其早年试图说服美国领导人认识到开发氢弹的必要性时一样的沮丧状态"。[5]

1982 年 7 月，泰勒终于找到机会向里根总统陈述太空防御计划。他在美国公共电视台（Public Broadcasting Service，PBS）的电视节目中接受了比尔·巴克利（Bill Buckley）的采访，当时，他若有所思地说："自从里根总统被提名，我还没有找到机会和他交谈……因此，我非常感谢今天能有机会在此谈论战略防御这件意义重大的事情。"[6] [214]

然而，里根总统收看节目后虽举行了一系列会议，但态度却不似泰勒预期的那般坚决，尽管总统也在逐步推进开发新型反导系统的政策制定。然而，该计划究竟是泰勒一人还是与"高边疆"组织共同提出的，当时尚不明确。显然，总统对"相互确保摧毁"原则十分不满，并出于直觉认为应该有另一种方法消除核武器可能带来的全人类面临的生存威胁。在泰勒四处奔走游说以及从事 X 射线相关研究的同时，总统也在思考："倘若我们不再依靠进攻而转为依靠防御来阻止核 [215] 攻击，结果又会有什么不同呢？"

1983 年 3 月 23 日，在泰勒和"高边疆"组织坚持不懈的努力下，

里根总统终于发表了全国性电视讲话，宣布将开展一项针对核导弹防御的大型研究计划，并出于当前的安全保障考虑，对依靠"相互确保摧毁"原则和"一个相互威胁的、报复的幽灵"进行了反思：

约 1983 年，艺术家描绘的场景："神剑"核泵浦 X 射线激光器摧毁来袭的核导弹。

> 这是对人类现状的悲观看法。难道拯救生命不比互相报复更好吗？为何我们不能通过运用所有能力和聪明才智来实现真正持久的稳定、展现和平繁荣的愿景呢？事实上，我们必须这么做……让我们携手共建一个充满希望的未来世界！ [7]

　　这个讲话标志着"战略防御倡议"（Strategic Defense Initiative，SDI）的公开推行，不久后，反对者们却略带讽刺地说这个计划其实是一个变相的"星球大战"。研究冷战的历史学家约翰·刘易斯·加迪斯（John Lewis Gaddis）肯定地指出，里根总统对该倡议及其实现的可能性非常关注。然而，外界依旧充斥着各种各样的声音，许多政策顾问似乎都未对这项倡议抱有太大期望，但他们推测说，如果国防科技领域能获得大量资金，将有可能诞生一些实用的东西来实现更强有力的防御，而且美国的技术水平也将得到进一步提升。[8]

　　虽然里根总统对该倡议的期待有点天真，但实际上他也有自己的谋略，声称这是个实用的外交手段。1982 年，他在国家安全委员会（National Security Council）的某次会议上更明确地表达了自己的想法："为什么我们不能等到苏联把钱花光宣布破产呢？"他还补充说这并非他夸大其词，"而是我们未来的方向"。此番发言后，他便在《国家安全决策指令》（National Security Decision Directives）中做出了

216

1983 年 3 月 23 日，里根总统向全国发表"星球大战"电视讲话。

正式的秘密承诺。理查德·派普斯（Richard E. Pipes）曾将其中代号为"NSDD-75"的战略描述为"第一份指出苏联的行为及其体制性质都至关重要的文件。这项战略提到，我们今后的目标不再是与苏联共存，而是改变苏联的体制"。[9]

　　因此，不论"星球大战"计划实施的可能性有多大，出于更微妙的政治和战略动机以及该计划将迫使美苏对抗进入最高技术领域的附加吸引力，都总是有人支持它，他们认为美国在这方面始终占据上风。

　　多数关于"星球大战"计划的叙述都忽略了一点：这项新技术的主要吸引力之一就是其高昂的价格。因为某些美国政策制定者已经意识到苏联经济基础薄弱，正在军械设备的巨大花费负担下苦苦挣扎，国民经济也每况愈下。一位参议员甚至与助手们一起针对苏联报纸的死亡通知专栏展开了人口统计，发现其国民平均寿命和健康水平正在走下坡路。随着国防事业的成本日益增加，技术复杂性不断提高，这些因素是否可能成为压死苏联这只大骆驼的最后一根稻草？

217　　　2009 年，在剑桥大学丘吉尔学院（Churchill College）主办的"冷战及其遗产"（The Cold War and its Legacy）会议上，一位前白宫政策顾问回顾了里根总统与其幕僚及军事顾问进行的一次针对国防问题的讨论，这个话题让听众十分感兴趣。在那次讨论中，他们统计了美苏两国的弹道导弹数量，发现苏联的战斗机、陆基导弹发射系统以及坦克的数量等均远超美国，这一巨人的差距不免令人沮丧，总统对每份报告中提到的潜艇、坦克和步兵相关伤亡人数持续上升等都不予置评。仅从数量看，美国在各方面都毫无优势，虽然许多人认为美国武器的质量更好，但没有人知道这在真正的战争中能带来什么优势。最终，里根询问他的好友、中央情报局（Central

Intelligence Agency，CIA）的新局长比尔·凯西（Bill Casey）："和苏联人相比，我们还有什么能更胜一筹？"凯西回答道："钱！我们更有钱。"里根说："好！那我们就要把钱用好。"[10]

后来，有人问这是不是意味着"星球大战"计划最终是否成功并不重要？这位前白宫政策顾问意味深长地回答说："这就是个'手段'而已。"然后，为了更清楚地解释所谓的"手段"，他补充道："总得有人出来解释它为什么要花这么多钱。"

不过，也并非所有人都赞同"战略防御倡议"仅仅是个外交手段的说法。根据研究冷战的历史学家加迪斯的描述，里根总统是一个真诚的废除核武器倡导者，力求通过谈判"核实并有效减少全球核武器库数量，并希望有朝一日能在上帝的帮助下彻底清除它们"。加迪斯认为里根对该倡议十分关注且希望它能有效实行，也有人认为该倡议仍然是各种谈判中用以施压的一个有效工具。这两种想法都明显体现在里根总统在讨论中发表的评论中："难道保护美国人民不比事后为他

1989 年 1 月，里根总统与爱德华·泰勒在白宫合影留念。

们报仇更好吗？我们不能食言。"[11]

对"战略防御倡议"的支持者而言十分不幸，该计划问世于美国
学术界因越战而掀起反战浪潮期间。在许多大学内部，反军国主义情
绪日益高涨，科学家也开始抵制国防资金对研究产生的直接影响，对
"星球大战"计划的敌意几乎蔓延到整个学术圈。再加之著名的鹰派
人物、"氢弹之父"爱德华·泰勒对该倡议和核爆驱动的 X 射线激光
器表示支持，学术圈内对该计划的反对达到了高潮。

甚至在国防研究中占据了数十年主导地位的麻省理工学院也开始
站在反对派的一边，这完全让人出乎意料。二战期间，麻省理工学院
曾通过著名的"辐射实验室"对军用雷达发展做出惊人贡献，该学院
在战后对弹道导弹导航系统的完善功不可没，还是最强大的非工业军
事承包商（详情见第五章）。越南战争期间，麻省理工学院的各个实
验室也扮演了重要角色，研发了深奥神秘的"人体探测器"，用于监
控越共地道和偏僻的丛林小径。

抗议这些军方活动的呼声日益高涨，1969 年，麻省理工学院师
生成立了忧思科学家联盟（Union of Concerned Scientists），目的
是"将当前研究和应用的重心从提高军事科技转向为应对和解决不容
忽视的环境和社会问题"。[12]

到了 1985 年，这种思潮愈演愈烈，时任麻省理工学院校长保
罗·格雷（Paul Gray）在毕业典礼致辞中谴责了五角大楼，说"战
略防御倡议"的研究合同是一种"操纵行为"，其目的是获得"对该
倡议的隐性的机构支持"，并总结说"我们麻省理工学院绝不会被如
此利用"。[13] 在反对"星球大战"计划的学者看来，它不仅在技术层
面没有可行性，在政治层面也并非明智之举，这个计划充满危险，会
破坏稳定局面。此后，"战略防御倡议"逐渐式微。10 年中，该计划
共花费了约 260 亿美元，发射了十几艘宇宙飞船，核泵浦激光器的

数据长期遭受质疑，建立并发射足够多的空间站的技术难度也令人生
畏。再者，整个计划还因为一个原因遭到公然反对：苏联人仅需要制　219
造更多导弹或诱饵进行反击就足够了，他们的成本远低于该计划对美
国国力的消耗。[14]

"星球大战"之后

如今，激光被广泛用作枪械类武器的瞄准辅助工具，常规武器上
的激光装置可投射出一个光点，向枪手或士兵显示射击的位置。在雷
达屏幕上显示目标时，激光也被用作目标指示器，根据其特定波长，
激光制导炸弹或导弹将会命中目标。但事实上，要研发出能够产生真
正破坏性能量的激光武器困难重重。尽管如此，美国军舰"庞塞号"
（USS Ponce）还是配备了约 30 千瓦时的实验性激光武器，据称可有
效打击轻量目标，如无人机、轻型飞机、直升机以及摩托艇。军舰的
有效载荷较大，但对于在陆地上应用而言，军舰所需的巨大电力供应
意味着到目前为止，武器仅在理论上是可移动的，实际上却无法随意
移动。然而，实验模型已针对飞行中的迫击炮弹、无人机和某些导弹
成功进行了测试。

激光的功率不断提升，燃料驱动的化学激光器已经问世：喷气
式发动机通过燃烧燃料产生强烈的激光或发光燃烧区域。难点在于高
能状态下，激光束将导致中间的气体分子"开花"或分裂成等离子体
（正负粒子），从而丧失透明度，导致激光束散焦和能量分散。不过人
类的智慧是无穷的，研究人员已经发现等离子体比空气更易导电，因
此或许可以使用"电子激光"沿着这种瞬时的新等离子体路径发出一
股高能电流。若能实现，这将成为人造的宙斯闪电，但目前为止还未
能成功。据说，美军正在研发一种激光变体，即"脉冲能量弹"，其

红外辐射瞬间就可使目标表面的小量物质汽化，所产生的烟雾将立
即被追踪的激光脉冲点燃，再次产生的爆炸性冲击波则可将人击倒
在地。

　　除了激光武器，另一种具有研发可能性的是中性粒子束（Neutral
Particle Beam，NPB）武器，这是对实验室原子加速器的一个假设
性发展。加速器为巨大的固定装置，通过一条长长的加速隧道，以数
百万伏的电压使氢原子加速，并通过强大的磁铁装置操控光束。和激
光武器一样，该武器也被视为可能实现的反弹道导弹防御技术，然
而要研制出可应用于战略部署的中性粒子束武器仍面临超乎想象的挑
战，除了建造加速器隧道，还需要制造所有辅助设备、磁铁以及控制
器，并需要巨大的电力以驱动该武器。

　　不论是基于光束还是发射高能的、依靠电力推进的炮弹（轨道
炮）的推进装置，上述有可能在研发上取得成功的下一代武器都表明
了传统武器的一个巨大优势：拥有超大能量密度的弹药。用来驱动子

2014 年部署于波斯湾的"庞
塞号"战列舰上的实验性激光
武器。

无人机坠毁前曾被洛克希德-马丁（Lockheed-Martin）公司研制的实验性激光武器发出的热光束击中，尾部结构遭到破坏。批评者称这种武器只对外壳轻薄的目标有效，比如摩托艇或轻型无人机，而且"就像海市蜃楼一样，激光武器的飞行高度一直都只比地平线高一点儿"。

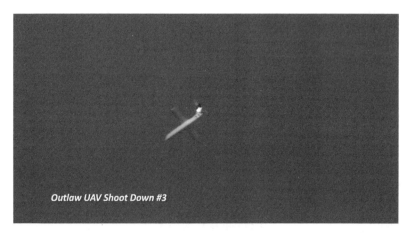

Outlaw UAV Shoot Down #3

弹以及炮弹的化学物质——推进剂——其实只是温和版的烈性炸药，其特性在于拥有巨大的能量，并且全部能量在不到一秒内就能释放出来。比唇膏还小的弹药筒能让步枪子弹发射到几英里开外，发射野战火炮的火药也就和几个面包的大小相差无几。眼下，要让一块电池在 221 类似的紧凑空间内储电，并像传统的推进剂一样在短时间内释放能量，这显然不可能实现，即使能够做到，也意味着这些电池本身可能就是爆炸性装置，一旦发生意外，后果不堪设想。

目前还没有人提出一个切实可行的、可真正用于战争的光束武器解决方案，尽管这一天似乎不可避免地在悄悄接近。别忘了还有另一种与之略有差异的武器：美国雷神公司（Raytheon Company）的"主动拒止系统"（Active Denial System），也被称作"痛苦射线"（pain beam）。它和微波炉内产生的非致命性电磁能量束比较相似，可用于镇压暴乱或阻止、延缓和挡回前进的敌人，能让目标物仿佛置身于一个运行中的烤箱或烤架前，产生强烈的灼热感以及迫切的逃跑意愿。基于人道主义本能或担心国际形象受损，政府通常希望避免大量杀害异端分子，如同甘地（Gandhi）所说过的那样，正是这个顾虑

赋予了手无寸铁、英勇无惧的抗议者在道德层面的力量。那么，部署
这类武器可能是今后政府的一个选择，因为催泪弹效率低下且难以控
制，水炮的射程又比较短。在人类发展的新阶段中，如果偏执的政府
手中掌握着强大的非致命性远程武器，就可以很容易驱散非暴力非武
装的抗议或集会，这可能是人类事务发展迈出的新的一步。光束武器
本质上是一种虚构的、极度理想化的武器：弹道必须准确无误、笔直
又平坦，子弹能够以光速发射。未来某一天，某种致命的光束武器迟
早会被部署：早在 1898 年，赫伯特·乔治·威尔斯便假想了死亡射
线；20 世纪 80 年代，里根总统也曾寄希望于"星球大战"计划能将
光束武器变为现实。不过，直到今天，普通武器依旧保持着不可动摇
的地位。

222

　　研究新型枪支和光束武器为世界带来了巨大的变化，甚至超出

艺术家对雷神公司的"痛苦射
线"的诠释。

了实际使用它们所造成的显著影响，本书已经回顾了这些研究在制造业、计算机、人工智能以及地缘政治等方面产生的一些重大影响。

当我们再次反思人类在枪支上投入的智慧及可能出现的能代替枪支的产品时，一定会对人类的创造力持悲观态度。最后，我的结论似乎是老生常谈，但也是一个必然：科技的突飞猛进往往受到战争或战争威胁的驱动。登月竞赛和阿波罗计划或许是其中的例外，却也可将它们看作类似战争的残酷竞争。那么，其他一些人类面临的迫在眉睫的重大挑战，诸如全球变暖，是否也能推动产生像枪支这样影响深远、涉及众多领域的发明和创造呢？

结　语

最后，我想引用飞行员兼作家维克多·耶茨（Victor Yeates）的一段话作为本书结语。1918 年，耶茨驾驶索普维斯骆驼战斗机（Sopwith Camels）在西线飞行了 110 架次，其中 2 次被击落，5 次获胜。他当时年仅 20 岁，但已对战争有着非常透彻的了解，战后，他成为一名优秀的作家：

> 汤姆心里想到，发明这些战争武器的家伙的大脑究竟是什么做成的啊？！他们不仅发明了能够以每分钟 1200 转驱动双叶空气螺旋桨的发动机和一分钟内发射 600 发子弹的机关枪，一个横空出现的天才——康斯坦丁内斯科（Constantinesco），在发现螺旋桨会削弱枪的火力并造成枪支操作不便后，还发明了一种油压齿轮，能在不使用螺旋桨的情况下奇迹般地正常发射子弹。在学习了相关专业课程后，汤姆本应对这种油压式齿轮了如指掌，但由于他的机械知识极度匮乏，还是未能领悟这位天才超乎寻常

的聪明才智。过去一年中，擦拭步枪、清洗水龙头和保养自行车就是他做过的和"机械化"最接近的工作，但人们却认为他应当掌握各种知识，包括航天发动机、维克斯机枪、刘易斯轻机枪、摄影、摩尔斯电码、空气动力学、炸弹、各种飞机的结构及传动装置的知识，甚至"康斯坦丁内斯科"齿轮的工作原理，同时他还要学习驾驶飞机又不被击落的技能。为什么这些发明家们不将他们的天赋运用到发明令人愉悦的物品上呢？任何打算修改但丁《神曲·地狱篇》[（Dante's）Inferno]的人，都必须为枪的发明者们书写地狱中最邪恶的新的一层。[15]

注　释

1　战争几何学

1. N. I. Bukharin et al., *Science at the Crossroads: Papers Presented to the International Congress of the History of Science and Technology held in London from June 29th to July 3rd by the Delegates of the U.S.S.R.* (London, 1931). 这些论文的发表对赫森思想的传播起到了很大的帮助。

2. Boris Hessen, 'The Social and Economic Roots of Newton's *Principia*', ibid., pp. 150-212 (1971 年于伦敦再版)。

3. 参见 Simon Ings, *Stalin and the Scientists: A History of Triumph and Tragedy, 1905-1953* (London, 2016)。

4. 这一句是波普为牛顿纪念碑作的墓志铭，但是未被采纳。墓碑所刻的是一段更长的拉丁文。

5. Simon Schaffer, 'Newton at the Crossroads', *Radical Philosophy*, RP 037 (Summer 1984). This version accessed at www.radicalphilosophyarchive.com.

6. Hessen, 'The Social and Economic Roots': "资产阶级一上台，就毫不留情地打击旧行会和手工业生产方式。它通过高压手段，引进了大规模的机械工业，在这一过程中粉碎了过时封建阶级的抵制和新生无产阶级无序的抗议。"

7. Loren R. Graham, 'The Socio-political Roots of Boris Hessen: Soviet Marxism and the History of Science', *Social Studies of Science*, XV/4 (1985), pp. 705-22. 这篇文章表明存在更深层的含义，赫森的演讲可能巧妙地维护了当时在苏联受到攻击的爱因斯坦物理学。代表团 "管家" 厄内斯特·科尔曼此前曾指责赫森和其他物理学家试图质疑唯物主义，将他们称为 "破坏者"，认为他们让人想起了工业革命的早期反对者。格雷厄姆（Loren R. Graham）引用了科尔曼在 1931 年写的这句话："这些破坏者不敢直接说他们想要恢复资本主义，他们被迫躲在一个便利的 '面具' 之后。数学抽象的掩饰……就是最密不透风的 '面具'。"

8. 西蒙·谢弗指出："贝尔纳（Desmond Bernal）是一名杰出的共产主义科学家，他在 1939 年写道：'我们不明白他们所说的一切，事实上，我现在怀疑他们自身也没有完全理解，但我们承认他们确实提出了一些新的东西，思想上具有巨大的可能性。'" 'Newton at the Crossroads', p. 23.

9. 参见 Ings, *Stalin and the Scientists*。

10. G. N. Clark, *Science and Social Welfare in the Age of Newton* (Oxford, 1937); review by D. McKie, *Annals of Science*, IV/1 (1939), p. 108.

11. A. Rupert Hall, *Ballistics in the Seventeenth Century* (Cambridge, 1952).

12. Frank James, 'The Springtime of Science: Modernity and the Future Past of Science', in *Being Modern*: *The Cultural Impact of Science in the Early Twentieth Century*, ed. Robert Bud, Paul Greenhalgh, Frank James and Morag Shiach (London, 2018), pp. 136, 137, 143. James 表示学术界对 17 世纪科学的关注 "回到了科学的初期"，这在某种程度上是由对第一次世界大战的恐惧和在战争中运用的科学所推动的。他的主题是 "将科学视为一股正面的力量⋯⋯消除一切不幸的内涵"。

13. Hall, *Ballistics*, p. 56.

14. Ibid. 霍尔声称牛顿的科学过于复杂，对炮手来说毫无用处。新的制造业阶级也 "不能用来解决其原始的实际问题"，并且是 "在 19 世纪早期，工程学改变了交通、制造业和战争" 后，这些问题才得到完善，需要应用牛顿力学加以解决。他推断，第一次世界大战中一艘战列舰上的火炮是基于牛顿学说制造的机器，但克伦威尔的大炮并非如此。（尽管 "科学" 一词在这一时期有时被认为是过时的，但它在英语中被广泛应用于表示包括数学和力学在内的一系列研究的专门知识。）

15. 塔尔塔利亚似乎承认了炮弹的初始飞行轨迹可能存在一定程度的弯曲，但他的插图并未展示这一点。他也许是在暗示，出于实际目的，这一轨迹被视为直线。

16. Hall, *Ballistics*. 列出的作品包括 *The Complete Cannoniere* (London 1639); *The Gunner, shewing the whole practice of Artillerie* (London, 1628); Samuel Sturmy, *The Mariner's Magazine; or, Sturmy's Mathematicall and Practicall Arts* (London, 1669)。

17. Hall, *Ballistics*, p. 54, 接上文。"大约 200 年后，尼尔森仍恪守这一准则，他认为 '就提高当下火炮瞄准精确度这个计划而言，如果有人提出这一点，我当然会予以考虑，并且如果有必要的话，也很乐意采用，但我希望我们能够像往常一样离敌人很近，这样我们的炮弹就不会错过目标了'。"

18. Mary J. Henninger-Voss, 'How the "New Science" of Cannons Shook up the Aristotelian Cosmos', *Journal of the History of Ideas*, LXIII/3 (2002), pp. 371-97; quoted in Catherine Ann France, 'Gunnery and the Struggle for the New Science (1537-1687)', PhD thesis, University of Leeds, 2014, p. 26.

19. Robert Boyle, *Some Considerations touching the Usefulness of Natural Philosophy* (Oxford, 1664), quoted in Hall, *Ballistics*, p. 3.

20. Haileigh Robertson, '"Imitable Thunder": The Role of Gunpowder in Seventeenth-century Experimental Science', PhD thesis, University of York, 2015.

21. Henninger-Voss, 'How the "New Science" of Cannons'. 一些历史学家表示，辛普利邱是用来描绘教宗乌尔巴诺八世的一个愚蠢的人物形象（或教宗乌尔巴诺八世被其他人说服，认为自身就是这一目标对象）。

22. France, 'Gunnery and the Struggle', p. 18. 约翰·迪伊（John Dee）曾为迪格斯辅导过数学。

23. Ibid., p. 166. 抛物线理论适用于理想的抛射物。包括空气阻力在内的其他因素会使得轨迹稍微有所改变，伽利略也意识到了这一点。

24. 现代学者们认为让·布里丹（约 1300~约 1360）更早地使用了力和动量的概念 "物体中物质的量乘以其速度"，牛顿的概念就是以此为基础建立起来的。

25. France, 'Gunnery and the Struggle', pp. 16, 17.

26. 完整名称是伦敦皇家自然知识促进学会（The Royal Society of London for Improving Natural Knowledge）。

27. Jim Bennett and Michael Hunter, *The Image of Restoration Science: The Frontispiece to Thomas Sprat's History of the Royal Society* (*1667*) (Abingdon, 2017), pp. 113-16.

28. 布朗克和巴黎的埃德梅·马略特（Edme Mariotte）各自用不同重量的投射物进行了实验，他们发现后坐力与子弹和武器的质量成反比关系。（换言之，如果枪比子弹重 50 倍，它就会以 1/50 的子弹速度产生后坐力）。

29. Hall, *Ballistics*, p. 65. 在这之前，'Experiments for trying the force of great Guns by the learned Mr Greaves', originally dated 18 March 1651, were published in *Philosophical Transactions*, XV (1685), pp. 1090–92。

30. Jim Bennett and Stephen Johnston, *The Geometry of War, 1500-1750*, exh. cat., Museum of the History of Science, Oxford (Oxford, 1996).

31. 赫森采用马克思主义的唯物主义术语谨慎地重新诠释了牛顿的思想，但这不足以拯救他的生命。1938 年，他在莫斯科的监狱中死去。在 1931 年的 8 人代表团中，有 5 人在苏联肃反运动中被除掉。

32. Steven Shapin, *Never Pure: Historical Studies of Science as if It Was Produced by People with Bodies, Situated in Time, Space, Culture, and Society, and Struggling for Credibility and Authority* (Baltimore, MD, 2010). 这本书可能是近来对这些想法的最有力的阐述。

33. 摘自 'The General Scholium'，这篇文章被收录到牛顿的 *Principia Mathematica* 第二版（1713）；http://isaac-newton.org，accessed 4 May 2020。

34. Bennett 和 Johnston 的 *The Geometry of War* 一书中的最后一段研究了这一轨迹，也是文中引用的出处。

2　枪与福特

1. Ken Alder, 'Engineering Rationality and Interchangeable Parts', Technology and Culture, XXXVIII/3 (1997), pp. 273-311.

2. Ibid.

3. 《百科全书或科学、艺术和工艺详解词典》的推介于 1750 年发布，各卷于 1751 年到 1772 年在法国出版，后来还有许多补编和扩展。这部作品似乎备受争议，曾一度停止出版，让·勒朗·达朗贝尔也放弃了该项目。因此，《百科全书》的大部分内容是由狄德罗完成的。

4. 摘自德尼·狄德罗主编的《百科全书》（1751~1772）中"百科全书"和"艺术"条目；英文译本源自 'The Encyclopedia of Diderot and d'Alembert', https://quod.lib.umich.edu, accessed 14 June 2019。

5. Ibid.

6. Alder, 'Engineering Rationality', pp. 300-305.

7. John Houghton, *Collection of Letters* (London, 1681), p. 177; quoted in E. P. Thompson, 'Time, Work-discipline and Industrial Capitalism', *Past and Present*, 38 (1967), p. 72.

8. Ibid., p. 72.

9. Ibid.

10. John Foster, *An Essay on the Evils of Popular Ignorance* (London, 1821), p. 185; quoted in E. P. Thompson, 'Time, Work-discipline and Industrial Capitalism', *Past and Present*, 38 (1967), p. 90.

11. Clive Behagg, 'Mass Production without the Factory: Craft Producers, Guns and Small Firm Innovation, 1790-1815', Business History, XL/3 (1998), pp. 1-15.

12. 出自亚当·斯密《国富论》的初稿，引自 Simon Schaffer, 'Enlightened Automata', in *The Sciences and Enlightened Europe*, ed. W. Clark, J. Golinski and S. Schaffer (Chicago, IL, 1999), p. 130。

13. 意大利的文艺复兴也在理论工程领域滋养了富有想象力的思想家，如列奥纳多·达·芬奇（Leonardo da Vinci），尽管人们常常认为他的思想对务实的当代机器建造者几乎没有任何影响。关于对中世纪和近代早期的机械装置如何逐步地推进本土发展的讨论，参见 John Gimpel, *The Medieval Machine: The Industrial Revolution of the Middle Ages* (London, 1992)。

229　14. Behagg, 'Mass Production without the Factory'. 伯明翰的珠宝区及时地得到了英格兰遗产委员会（English Heritage）的大力支持，该组织保护了众多重要的建筑。在伦敦，很多进行过这种工艺生产的老式建筑得以保存下来，但如今已做其他用途。因为它们是通过有序、专门的方式建造的，这些地方也就不再能展现昔日的工业痕迹。

15. 议会轻武器制造特别委员会的报告 (P.P.1854, xviii,12)，引自 Behagg, 'Mass Production without the Factory'。

16. Behagg, 'Mass Production without the Factory'.

17. John Rule, T*he Labouring Classes in Early Industrial England, 1750-1850* (London, 2013), pp. 81-139. see also *A History of the County of Warwick*, vol. Ⅶ：*The City of Birmingham*, Victoria County History (London, 1964); available at British History Online, www.british-history.ac.uk，accessed 5 May 2020.

18. Alder, 'Engineering Rationality and Interchangeable Parts', p. 283.

19. 议会轻武器制造特别委员会的报告，引自 Behagg, 'Mass Production without the Factory'。

20. 就经济需求而言，此时英国和美国的人口大致相同。然而，可以肯定的是，美国的扩张和殖民推动产生了大量的新家庭，为实现标准化的新商品提供了广阔市场。

21. 乔治·史都特（George Sturt）的《车轮制造店》（*The Wheelwright's Shop*, Cambridge，1923）是一次有名的尝试。该书深刻地回忆了 19 世纪末英国乡村的手工艺。在这个世界里，隐性知识就是一切。木材常常选在树木还在生长的时候，并经过多年的风干。但是，即便是他充满哀伤气息的散文也不能让读者通过视觉和触觉来为轮辋或轮毂选择木材，或者感受他所用凿子的弹簧里某块榆木的品质。

22. David A. Hounshell, *From the American System to Mass Production, 1800-1932: The Development of Manufacturing Technology in the United States* (Baltimore, MD, 1984). 该书对该体系的发展进行了最为全面的历史研究。

23. Ibid.

24. Ibid.

25. James P. Womack, Daniel T. Jones and Daniel Roos, *The Machine that Changed the World* (New York, 1990).

26. Charles E. Sorensen, *My Forty Years with Ford* (New York, 1956), p. 128.

27. Henry Ford, *My Life and Work* (Garden City, NY, 1992), p. 2.

28. Julian Sweet, quoted in A. L. Kennedy in 'Production Line Living', BBC Radio 3, 27 October 2013.

29. Andrew Nahum, 'A Roof With a View: Fiat's Lingotto', *Weekend Guardian*, 22-3 April 1989, p. 6.

30. Horace Lucien Arnold and Fay Leone Faurote, *Ford Methods and the Ford Shops* (New York, 1919). 阿诺德去世后，这部作品由工程师费伊·利昂纳·福罗特完成。

230　31. 参见 Cesare De Seta, *L'architecture del Novecento* (Turin, 1981), referenced in Terry Kirk, *The Architecture of Modern Italy*, vol. Ⅱ：*Visions of Utopia, 1900-Present* (New York, 2005); 同时参见 'Giacomo Matté-Trucco', www.architetturafuturista.it, accessed 6 May 2020, 以及 Andrew Nahum, 'The Italian Job', *Blueprint*, December 1984-January 1985, p. 24。

32. 奇怪的是，尽管意大利是在形式上最原封不动地应用了福特主义的第一批国家之一，但它也保留了手工作业和定制设计的传统，少批量生产的特殊高性能汽车和摩托车价格昂贵，在全球享有盛誉。法拉利、兰博基尼（Lamborghini）、玛莎拉蒂（Maserati）、奥古斯塔（MV Agusta）、摩托·古奇（Moto Guzzi）和杜卡迪（Ducati）都将它们的诞生和延续归因于这一非凡的意大利传统，就像宾尼法利纳（Pininfarina）和乔治·亚罗（Giorgetto Giugiaro）的意大利设计公司（Italdesign）的建立一样，几十年来，这两家公司就可以说是世界汽车工业的创意设计顾问。

33. Terry Kirk, *The Architecture of Modern Italy*, 2 vols (New York, 2005), vol. Ⅱ, p. 61.

34. Nelson Lichtenstein, *Walter Reuther: The Most Dangerous Man in Detroit* (Chicago, IL, 1995), p. 17.

35. 福特估计更换机器所需的费用大约为 1 亿美元。后来的分析者认为这个数据被低估了。此外，在生产线关闭的 6 个月期间，6 万名生产工人被解雇，分担了这一费用。参见 Giles Slade, *Made to Break: Technology and Obsolescence in America* (Cambridge, MA, 2007)。

36. 'Men Working to Keep Men Working', *Life* (7 November 1949).

37. 通用汽车公司的总裁阿尔弗莱德·斯隆（Alfred P. Sloan）在 1924 年的股东报告中描述了他的市场细分策略："不同的钱包、不同的目标、不同的车型。"这显然与福特的理念不同。

38. Slade, *Made to Break*, p. 46.

39. Womack, Jones and Roos, *The Machine that Changed the World*.

40. David E. Nye, *America's Assembly Line* (Cambridge, MA, 2013); and Kim Moody, 'American Labor in International Lean Production', Institute for Social Science Research, UCLA, Working Paper Series qt21j3p024 (1996); https://escholarship.org, accessed 6 May 2020.

41. Malcolm Moore, 'Inside Foxconn's Suicide Factory', *Daily Telegraph*, 27 May 2010. See also Joel Johnson, '1 Million Workers. 90 Million iPhones. 17 Suicides. Who's to Blame?', *Wired*, 28 February 2011, www.wired.com, accessed 6 May 2020.

42. Chuck Quirmbach, 'Foxconn Promised 13,000 Jobs to Wisconsin. Where Are They?', NPR, 13 January 2020, www.npr.org, accessed 6 May 2020.

43. Schaffer, 'Enlightened Automata', pp. 126-64.

44. Adam Ferguson, 'Part Fourth, Of Consequences that result from the Advancement of Civil and Commercial Arts', *An Essay on the History of Civil Society* (London and Edinburgh, 1767); available at *Online Library of Liberty*, https://oll.libertyfund.org, accessed 6 May 2020.

3　石油教父

1. Osbert Sitwell, *Great Morning* (London, 1948), p. 229. 尽管西特维尔笔下真正的伦敦富贵阶层包括歌剧演唱家费多尔·夏里亚宾（Feodor Chaliapin）、俄罗斯芭蕾舞团（Ballets Russes）的瓦斯拉夫·尼金斯基（Vaslav Nijinsky）和谢尔戈·佳吉列夫（Sergei Diaghilev）、理查德·施特劳斯（Richard Strauss）、弗雷德里克·戴留斯（Frederick Delius）和亨利·詹姆斯（Henry James），但他也注意到自由党政府社会改革的新计划及该政府推出的养老金和社会保险方案。

2. Winston Churchill, *The World Crisis, 1911-1918* [1923–9], revd edn, 2 vols (London, 1938), p. 86.

3. Winston Churchill, *Great Contemporaries* (London, 1942), p. 30.

4. Lord Fisher［海军上将约翰·阿布诺特·费舍尔爵士（Sir John Arbuthnot Fisher）］, *Memories* (London, 1919), p. 23.

5. Ibid., p. 36.

6. 阿瑟·波伦（Arthur Pollen）也设计了一款可与之媲美的射击控制机器，名为阿尔戈时钟（Argo Clock）。选择德雷尔的系统引发了诸多批判和战后的争论。

7. Andrew Gordon, *The Rules of the Game: Jutland and British Naval Command* (London, 2005), p. 120.

8. 查尔斯·帕森斯显然是特有风格和品牌一致性的早期拥护者。凭直觉感到"查尔斯·帕森斯的汽轮机"这个表达本身就不受欢迎，他在公司内发布了一项规定，将该装置称为"帕森斯汽轮机"。

9. Christopher Leyland, 'Turbinia Jottings', *Heaton Works Journal*, II /1 (June 1935), pp. 25-32, quoted in Ian Whitehead, '"Turbinia" at speed–but who's on the conning tower?', Tyne & Wear Archives & Museums blog, 13 June 2013, http://blog.twmuseums.org.uk, accessed 12 May 2020. 克里斯托弗·利兰德留下的一个有趣的遗物是一种备受争议的柏树——利兰柏树（Cupressus x Leylandii）。他在自己的庄园里发现他偶然培育出了加利福尼亚金冠柏（Californian Monterey cypress）和阿拉斯加黄扁柏（Alaskan Nootka cypress）的杂交品种。这两种亲本物种不可能在野外自然杂交，只能通过一名敏锐的树木收集者和园丁的帮助进行繁殖。它们经证明极其茁壮和顽强，能抵御他位于诺森伯兰郡家中的风。

10. Churchill, *The World Crisis*, vol. I , pp. 57, 58.

11. Ibid., p. 97.

12. Ibid., p. 95.

13. Ibid., p. 100.

14. Ibid., p. 104.

15. Eli Kedouri, *Arab Political Memoirs and Other Studies* (Oxford, 2005), p. 275.

16. 参见 Jonathan Fenby, *Crucible: Thirteen Months that Forged Our World* (London, 2018).

17. 'Orde Charles Wingate – "Hayedid"', https://zionism-israel.com, accessed 26 November 2020.

18. 这场战斗的许多参与者和众多历史著作都对此进行了讨论。例如，John Brooks, *Dreadnought Gunnery and the Battle of Jutland: The Development of Fire-control* (Oxford, 2005)。

19. 贝蒂的言论呼应了尼尔森在特拉法尔加发出的第二个信号："与敌人在更近的距离上交战。"但这似乎让他的战舰失去了本有的巨大优势。有人认为，他应该对希佩尔的战舰猛烈地开火攻击，并保持在对方的炮弹射程之外。

20. *The Beatty Papers*, ed. B. Mcl. Ranft, vol. II, document 233 (Navy Records Society, 1993), p. 451, www.gwpda.org, accessed 24 November 2020. 希佩尔补充说："如果英方没有取得更好的战果，这是因为他们炮弹质量不佳，尤其是他们的（炸药）效力不够。"

21. Rodrigo Garcia y Robertson, 'The Failure of the Heavy Gun at Sea, 1898-1922', *Technology and Culture*, 28 (1987), pp. 539-57.

4　射杀高空雉鸡的理论和实践

1. Major Sir Gerald Burrard, *The Modern Shotgun* (London, 1931).

2. 在 *The Field* (20 September 1890) 的一篇报道后，伯拉德认为："第一个在飞行路线上进行试验的人……亨利·阿尔弗雷德·伊瓦特先生（Mr H. A. Ivatt）对固定在火车上的铁靶……发射了几枚子弹。"作为英国蒸汽火车的主要设计者之一，以及爱尔兰的大南部和西部铁路（Great Southern and Western Railway）的总工程师，伊瓦特意想不到地获得了这一机会。

3. 泽门尼斯的谋杀案一直未得到解决。和最初发现的事实不同，他的生活经历更为复杂。他被描述为伦敦塞浦路斯人社区的领袖，成立了一个基督教塞浦路斯民族主义者（和反共产主义者）协会。《工人日报》（*Daily Worker*）认为他是"恶名昭彰的帝国主义者"，而《每日快报》（*Daily Express*）援引谣言称他是一位（英国的）特勤人员。他还被认为是一名警方的线人。

4. Sir Ralph Payne-Gallwey, Bart, *High Pheasants in Theory and Practice* (London, 1913).

5. Ibid., pp. 1–8.

6. 但是，一则报道称，霍格中尉（Lieutenant O.F.J. Hogg）和皇家要塞炮兵部队 (Royal Garrison Artillery) 的第 2 防空部队 (No.2 AA Section) 于 1914 年 9 月 23 日击落了一架飞机。N. W. Routledge, *History of the Royal Regiment of Artillery*, vol. IV: *Anti-Aircraft Artillery, 1914-55* (London, 1994), p. 5.

7. Victor Yeates, *Winged Victory* (London, 1934), pp. 20, 21. 这些激烈的事件尽管属于叶茨的个人经历，但却是由他书中的主人公汤姆·坎德尔（Tom Cundall）所叙述的。

8. Sir Alfred Rawlinson, *The Defence of London, 1915-1918*, 2nd edn (London, 1923). 罗林森评论道："但是，投放威力极小的炸弹肯定是利大于弊的，这极大地增加了我们在参与的这场大战中获得胜利的概率。"（p.4） 233

9. Admiral Sir Percy Scott, *Fifty Years in the Royal Navy* (London, 1919), pp. 309-10.

10. Rawlinson, *Defence of London*, p. 3. 罗林森在法国同加列尼（Gallieni）将军和乔弗尔（Joffre）将军关系甚好，说得一口流利的法语，还曾帮助规划了巴黎周围的防空建设。

11. Scott, *Fifty Years in the Royal Navy*, pp. 309–11. 据斯科特所说，"这就是战时所需要的那种军官！"

12. 'The Anti-Aircraft Experimental Section of the Munitions Inventions Department' (1916-18). 剑桥大学丘吉尔学院档案馆里的回忆录初稿。这些回忆以另一种形式见于 A. V. Hill, *Memories and Reflections*, ed. Roger Thomas (1971/2), www.chu.cam.ac.uk, accessed 14 May 2020。

13. Ian V. Hogg, *Barrage* (London, 1979), p. 95.

14. 希尔（A. V. Hill）的论文，剑桥大学丘吉尔学院档案馆里的记录。

15. G. H. Hardy, *A Mathematician's Apology* [1940] (Cambridge, 1996), p. 140.

16. 'The Anti-Aircraft Experimental Section of the Munitions Inventions Department'.

17. Meg Weston Smith, 'E. A. Milne and the Creation of Air Defence: Some Letters from an Unprincipled Brigand, 1916-1919', *Notes and Records: Royal Society Journal of the History of Science*, XLIV/2 (1990), pp. 241–55.

18. 希尔（A. V. Hill）的论文，存于剑桥大学丘吉尔学院档案馆。

19. Bernard Katz, 'Archibald Vivian Hill', *Biographical Memoirs of Fellows of the Royal Society*, XXIV (November 1978), pp. 71-149.

20. 中央登记簿形式上由劳工部（Ministry of Labour）管理，由女性文官先驱贝里尔·勒·普尔·鲍尔（Beryl le Poer Power）负责，她十分有魄力，非常知名。小说家和剑桥大学学者查尔斯·珀西·斯诺（C. P. Snow）是团队的一员，在采访和安排科学家的工作方面非常积极。

21. Sir Bernard Lovell, F.R.S, 'Patrick Maynard Stuart Blackett, Baron Blackett, of Chelsea', *Biographical Memoirs*

of Fellows of the Royal Society (1 November 1975), p. 56.

22. Sir Bernard Lovell, 'Patrick Maynard Stuart Blackett', *Biographical Memoirs of Fellows of the Royal Society*, XXI (1975), pp. 1-115.

23. Ibid.

24. E. Austin Young, *How We Lived and Laughed (with the 195)* (n.p., 1945), 为第 62 重高射炮团（61st Heavy Anti-aircraft Regiment）印刷。

234 5 火力控制与新的生命科学

1. Kazimierz Bortkiewicz, *8 Polish Heavy Anti-aircraft Artillery Regiment: The Outlines of History* (London, 1993).

2. 也许其中只有不到一半是被高射炮击落的，其余都是美国飞机射击或意外事故的受害者。

3. 辐射实验室（Radiation Laboratory）是由万尼瓦尔·布什（Vannevar Bush）担任主席的国防研究委员会（National Defense Research Committee）建立的，是该委员会最大的项目之一。

4. David A. Mindell, 'Automation's Finest Hour: Radar and System Integration in World War II', in *Systems, Experts, and Computers: The Systems Approach in Management and Engineering, World War II and After*, ed. Agatha C. Hughes and Thomas P. Hughes (Cambridge, MA, 2000).

5. 据说，维纳（Wiener）是从古希腊语的词语 steersman 或 pilot 引申而出这个新词的，虽然 19 世纪时 "控制论"（cybernétique）一词已经在法国使用，用以描述关于管理的艺术（art of governing）。

6. Norbert Wiener, *The Human Use of Human Beings* (London, 1950), p.163. 维纳根据自身经验所做出的发言。显然他视力不好，还有严重的白内障。

7. 伯特兰·罗素写给露西·唐纳利（Lucy Donnelly）的信，1913 年 10 月 19 日。Maria Forte, 'Bertrand Russell's letters to Helen Thomas Flexner and Lucy Martin Donnelly', PhD thesis, McMaster University, December 1988, p. 209.

8. Flo Conway and Jim Siegelman, *Dark Hero of the Information Age: In Search of Norbert Wiener* (Cambridge, MA, 2005), p. 30.

9. Arturo Rosenblueth, Norbert Wiener and Julian Bigelow, 'Behavior, Purpose and Teleology', *Philosophy of Science*, x (1943), pp. 18-24.

10. Wiener, *The Human Use of Human Beings*.

11. Norbert Wiener, *Cybernetics; or, Control and Communication in the Animal and the Machine* (Paris and Cambridge, MA, 1948).

12. Wiener, *The Human Use of Human Beings*, pp. 85, 88.

13. N. Katherine Hales, *How We Became Post-human: Virtual Bodies in Cybernetics, Literature and Informatics* (Chicago, IL, 1999), p. xi.

14. 例如，见于 Soraya de Chadarevian, *Designs for Life: Molecular Biology after World War II* (Cambridge, 2002), p. 188。

15. Lily Kay, *Who Wrote the Book of Life?: A History of the Genetic Code* (Stanford, CA, 2000), p. 34 and elsewhere.

16. 在理解 "DNA 是如何工作的" 这一难题的过程中产生了转录、翻译和信使 RNA 等一系列实用性术语。信息语言的传播已经势不可当。

17. Warren S. McCulloch, 'Recollections of the Many Sources of Cybernetics', *ASC Forum*, Ⅵ /2 (Summer 1974), pp. 5-16.

18. Ibid.

19. Quoted in Margaret A. Boden, *Mind as Machine: A History of Cognitive Science* (Oxford, 2006), p. vi.

20. Ibid.

235

21. Andrew Pickering, *The Cybernetic Brain: Sketches of Another Future* (Chicago, IL, 2011). 肯尼思·克雷克（Kenneth Craik, 1914-1945）虽被称作"英国的维纳"，却更加谦虚。如果他还活着，也不太可能像维纳那样为控制论这一崭新的领域下定义并为其改变信仰。

22. 来自约翰·贝茨（J.A.V. Bates）档案馆，伦敦威尔康图书馆医药史板块（The Wellcome Library for the History and Understanding of Medicine），引自 Owen Holland, 'Early British Cybernetics and the Ratio Club', 31st Annual Conference of the Cybernetics Society (London, 2006)。Rev. as Owen Holland and Phil Husbands, 'The Origins of British Cybernetics: the Ratio Club', *Kybernetes*, xl (2011), pp. 110-23. 在另一份记载中，贝茨对俱乐部成员构成进行了思考："没有社会学家和北方人，也没有教授。"

23. Ibid. See Phil Husbands and Owen Holland, 'Warren McCulloch and the British Cyberneticians', *Interdisciplinary Science Reviews*, 3 (2012), pp. 237-53.

24. Phil Husbands and Owen Holland, 'The Ratio Club: A Hub of British Cybernetics', in *The Mechanical Mind in History*, ed. Phil Husbands, Owen Holland and Michael Wheeler (Cambridge, MA, 2008), pp. 91-148.

25. Ibid., p. 14.

26. Holland and Husbands, 'The Origins of British Cybernetics', p. 39.

27. See Andrew Hodges, *Alan Turing: The Enigma* (London, 2014), pp. 561-2, and Grey Walter, *The Living Brain* (London and New York, 1953).

28. Rhodri Hayward, 'The Tortoise and the Love-Machine: Grey Walter and the Politics of Electroencephalography', *Science in Context*, ⅩⅣ /4 (2001), p. 616.

29. Grey Walter, *The Living Brain* (London, 1961), p. 83.

30. Ibid., p. 129.

31. Ibid., p. 112.

32. Pierre de Latil, *Thinking by Machine*, trans. Y. M. Golla (London, 1956), pp. 208-14. 此处详细引用了拉蒂尔（Pierre de Latil）的话，因为他对控制论学者们的刻画巧妙地捕捉了时代精髓。

33. Ibid., pp. 213-14.

34. 剑桥大学无线电天文学家托尼·休伊什（Tony Hewish）回忆战时从事雷达研究的经历："我们不过是拼拼凑凑……战争就是竞赛，在这方面，我们做得可比德国人好多了。"以上是与作者的谈话，剑桥大学丘吉尔学院，2012 年 10 月 11 日。

35. Husbands and Holland, in *The Mechanical Mind in History*, p. 114.

36. *Daily Herald*, 13 December 1948, quoted in Pickering, *The Cybernetic Brain*, p.1.

37. Pickering, *The Cybernetic Brain*, p. 93.

38. G.W.T.H. Fleming, F. L. Golla and W. Grey Walter, 'Electric Convulsion Therapy of Schizophrenia', *The Lancet* (30 December 1939), pp. 1352-5. 如今看来，这个实验并不符合道德标准，作者指出："这一系列小规模的初步实验并 236

非为了提供关于治疗价值的数据——只有一个病人的病情有希望缓解——其目的只是阐明该方法的利弊。"

39. Wiener, 'Cybernetics and Psychopathology', *Cybernetics*, pp. 144-54.

40. Ibid.

41. Ibid.

42. Pickering, *Cybernetic Brain*, p. 133.

43. 摘自 Ross Ashby's unpublished journal, analysed by Andrew Pickering, *Cybernetic Brain*, pp. 140-43。同时，皮克林（Pickering）指出，艾什比长期坚持阅读克劳塞维茨（Clausewitz）的《战争论》（*On War*）。

44. Latil, *Thinking by Machine*, p. 310.

45. Ibid., p. 311.

46. Ibid.

47. 直至 1994 年，"牛奶经销管理局"（Milk Marketing Board）才最终失去剩余权力。

48. Andy Beckett, 'Santiago Dreaming', *The Guardian,* 8 September 2003.

49. BBC archive，BBC WAC T14/3316/1. 其实日期和作者都不太准确。当时，那档电视节目也并非叫作"地平线"（*Horizon*）。"探索"（Quest）、"磨练"（Crucible）、"展望"（Prospect）和"纵览"（Scan）都是其备选名称。

50. 如今，这一领域依旧存在争议。为了能够"了解一切"，人工智能系统需掌握其框架或问题中的一切价值和信息，并以符号的方式表示它们。近年来，麻省理工学院研究员兼机器人领域的企业家罗德尼·布鲁克斯（Rodney Brooks）断言动物和人类的行为根本不可能如此复杂，因此人工智能必须掌握更灵活、智能的行为方式，并且简化计算过程。

51. 'Edinburgh Freddy Robot (Mid 1960s to 1981)', www.aiai.ed.ac.uk, accessed 16 May 2020.

52. 作者回忆称，1972 年前后，杰克·古德（Jack Good）在爱丁堡大学机器智能系（Department of Machine Intelligence）举办讲座。

53. 在该专业的人看来，古德的板球外野手的例子就是"对唐纳德（Donald）来说十分中听的话"。Personal communication from David Willshaw, Emeritus Professor of Computational Neurobiology, School of Informatics, University of Edinburgh. 在此期间，Willshaw 是该系的博士研究生。

54. Patricia Churchland, *Neurophilosophy* (Cambridge, ma, 1986), and Patricia Churchland, 'Can Neurobiology Teach Us Anything about Consciousness?', *Proceedings and Addresses of the American Philosophical Association*, LXVII /4 (1994), pp. 23-40.

55. 其实它并不总是能做到这一点。聪明的是，程序员让弗雷迪（Freddy）用钳子将一堆零件反复敲来敲去，直至这些零件的方向最终符合其存储模型。

237 56. Hubert L. Dreyfus, rand Corporation, P-3244, December 1965. 德雷福斯称，论文发表后，麻省理工学院人工智能领域的同事们都"生怕被人看见与［他］共进午餐。"但他仍无所畏惧，发表了兰德论文（RAND paper）后紧接着出版了 *What Computers Still Can't Do: A Critique of Artificial Reason* (Cambridge, MA, 1972)。

57. 写作时，完整版的辩论可见 YouTube 平台，标题为 'The Lighthill Debate on Artificial Intelligence'. 正式的莱特希尔报告（Lighthill Report）可通过以下网站查询：www.chilton-computing.org.uk。

58. Kevin Kelly, *Out of Control: The Rise of Neo-biological Civilization* (Reading, MA, 1994), p. 454; quoted in Thomas Rid, *Rise of the Machines: A Cybernetic History* (New York, 2016), p. 165.

59. 格雷·沃尔特（Grey Walter）满怀感情地记录了自身经历，事故后，他曾昏迷长达一个月，苏醒过来后造成了脑损伤. 'My Miracle', *Theoria to Theory*, Ⅵ /2 (April 1972), pp. 39–50; available at http:// cyberneticzoo.com and www.hathitrust.org, both accessed 16 May 2020.

60. Alan Winfield, 'Artificial Intelligence', *The Infinite Monkey Cage*, BBC Radio 4, 12 January 2016.

6　牛仔、柯尔特与卡拉什尼科夫

1. 如今，"美洲土著"（Native American）一词虽被普遍使用，但在北美当地原住民，即"第一民族"（first nations）中并不常见。例如，2004 年，美国印第安人国家博物馆（National Museum of the American Indian）在华盛顿特区正式开放，其名称是在和印第安民族沟通后确定的。书中不适合用"美国原住民"的地方，笔者使用了"印第安人"（Indian）一词，尤其是在历史参考资料中，特此说明。

2. 大平原上的印第安人虽长期靠猎杀水牛为生，但水牛数量稳定。水牛面临的第一个威胁源自建造铁路。从事演出前，水牛比尔（Buffalo Bill）曾签订合同，为建造堪萨斯—太平洋铁路（Kansas-Pacific railroad）的工人提供肉类。到了19 世纪 70 年代，作为一项运动，猎杀水牛的行为已经系统化了，并且人们相信消灭水牛将减少印第安人口，或迫使其成为定居的小农。

3. Melvyn Bragg in 'Custer's Last Stand', *In Our Time*, BBC Radio 4, 19 May 2011. 引自一位拉科塔勇士的口述。

4. 资料显示，这些是哈奇开斯（Hotchkiss）速射炮——带有旋转炮管的早期自动武器，似乎可分解为小炮，以便用骡子运载。

5. John Gneisenau Neihardt, *Black Elk Speaks: Being the Life Story of a Holy Man of the Oglala Sioux* [1932] (Albany, NY, 2008), p. 281. 奥格拉拉（Oglala）是大苏族（Great Sioux Nation）的拉科塔（Lakota）分支中的七个群体之一。

6. Jan Morris, *Fisher's Face* (London, 1995), p. 197.

7. "狂野西部秀"（Wild West shows）规模庞大，模仿者众多。在英国，美国表演者 Samuel Franklin Cody 小有名气，他曾表演《克朗迪克金块》（*The Klondyke Nugget*）（出于商业需要，他将自己的名字从 Cowdery 改为了 Cody）。枪法和骑术也是这个表演的一大特色，Cody（显然）在骑马时射中从搭档 Lela 的嘴里抽出的一支烟。有趣的是，他还对巨大的载人风筝产生了兴趣，并根据军队的侦察工作需要专门研制了这种风筝。后来，他被位于范堡罗的陆军气球学校（Army Balloon School），即后来的皇家航空研究院（Royal Aircraft Establishment）录取，并最终于 1908 年用自己设计的机器在英国进行了首次动力飞行。

8. Eric Vuillard, *Sitting Bull and the Tragedy of Show Business*, trans. Ann Jefferson (London, 2016). 他对"狂野西部秀"进行了质疑，将"坐牛"酋长和科迪握手的那张有名的照片描述为一个"自私轻蔑的拍照机会"，并称"当时，水牛比尔……纯粹就是个营销产品，是一种假象罢了"。

9. Patricia Allen, 'Glasgow's *Ghost Dance* Shirt: Reflections on a Circuit to Complete', in *Global Ancestors: Understanding the Shared Humanity of Our Ancestors*, ed. Margaret Clegg, Rebecca Redfern, Jelena Bekvalac and Heather Bonney (Oxford, 2013), pp. 63-80. Allen 描述了最初收购的细节以及与拉科塔人代表的遣返谈判。

10. William B. Edwards, *The Story of Colt's Revolver* (Harrisburg, PA, 1953), p. 23.

11. Ibid., p. 268.

12. *Official Descriptive and Illustrated Catalogue*, Ⅲ : *Foreign States* (London, 1851), p. 1454.

13. Report from the Select Committee on the Manufacture of Small Arms (P.P. 1854, ⅩⅧ, 12), Q.1662; quoted in Clive Behagg, 'Mass Production without the Factory: Craft Producers, Guns and Small Firm Innovation, 1790-

　　 1815 ', *Business History*, XL/3 (1998), pp. 1-15.

14. Jenni Calder, *There Must be a Lone Ranger: The Myth and Reality of the American West* (London, 1976), p. 6.

15. 沃尔特·休斯顿（Walter Huston）在《法律与秩序》（*Law and Order*）中扮演怀特·厄普这个角色，他的儿子约翰·休斯顿（John Huston）对剧本也有所贡献。

16. Calder, *There Must be a Lone Ranger*, p. 109.

17. Jonny Wilkes, 'The Gunfight at OK Corral', *History Revealed* (2014), p. 84.

18. Lord Charles Beresford, *The Memoirs of Admiral Lord Charles Beresford: Written by Himself* (London, 1914), vol. Ⅰ, pp. 262-5. 方阵后角的劣势有几何学的原因。与正面进攻不同的是，正面进攻需要前排火力全开，而骑兵斜着向后角冲锋可攻击那些被身后战友的火力挡住的士兵。

19. Ibid.

20. Ibid.

21. Ibid.

22. Ibid., vol. Ⅱ, p. 277.

23. 题目取自卢克莱修（Lucretius）的诗 "the torch of life"。阿布克莱（Abu Klea）陆战时的方阵虽曾遭到破坏，但很快便得以恢复。在这种步兵战术的统治下，英国的方阵似乎从未被真正攻破过。

24. Beresford, *The Memoirs of Admiral Lord Charles Beresford: Written by Himself*, pp. 267-8.

25. Hiram Maxim, *My Life* (London, 1915), p. 57.

26. Ibid.

27. Ibid.

28. Dennis E. Showalter and Michael S. Neiberg, *The Nineteenth Century* (Westport, CT, 2006), p. 146.

29. Hiram Maxim, 'The Aeroplane', *Cosmopolitan* (June 1892), pp. 202-8. 航空思想家先驱弗朗西斯·温汉姆（Francis Wenham）也支持马克沁让机器飞行的观点。1895 年 5 月，他在写给奥克塔夫·沙尼特（Octave Chanute）的信中指出，"他已经证明机器可以通过几个人提高自身重量……但无人敢冒险尝试自由飞行"，之后又说，"马克沁已经花了几百英镑……但如果找不到人愿意乘坐他制作好的飞行器，这钱就打水漂了"。Pearl I. Young, *Chanute-Wenham Correspondence* (Lancaster, PA, 1964).

30. C.J. Chivers, *The Gun: The AK47 and the Evolution of War* (New York and London, 2010), p. 192.

31. 似乎无人知道"发"（round）一词的来源，它代表弹药计量单位，一发弹药由弹壳、底火、推进剂（"火药"）和弹丸组成。有些人认为这是军队的用法，因为它们都是圆柱形的；还有人认为，在前膛枪时代，往火枪里依次装填火药、填充物和子弹的过程被称为"一发"（a round），用词与描述旧时代舞蹈中的动作顺序的词语相同。

32. 尤金·斯通纳向国会小型武器委员会（congressional subcommittee on small arms）解释这一效果："从创伤弹道学的角度来看，小型或轻型子弹比重型子弹更具备优势……相当于这样一个事实：子弹可在空中稳定飞行，而非在水或与水的密度大致相同的身体中。只要在空气中，其状态便十分稳定；而一旦撞到什么东西，就会立即变得不稳定……如果你说的是点 30 口径（像老式 M14 步枪中使用的较大的子弹），可能在人体中保持稳定……而小子弹由于质量较小，能更快速地察觉到不稳定的征兆，反应也更敏捷……这便是小子弹在伤口弹道学上的巨大作用。" Quoted in James Fallows, 'M-16: A Bureaucratic Horror Story: Why the Rifles Jammed', in *National Defense* (Washington, DC, 1981); repr. in *The Atlantic* (June 1981), available at www.theatlantic.com, accessed 18 May 2020.

33. 沙利文说："M16 卡宾枪系统功能强大，而更换火药后，操作枪栓的气体系统的气口压力增大了不少，令枪栓的移动

239

速度超出了其本身的设计，容易提前解锁，给锁耳造成压力。此外，子弹的外壳金属在枪膛中并未充分放松，尤其是当武器变热时，子弹会粘在那儿，提取器便无法提取子弹。" Dan L. Shea, 'The Interview: James L. Sullivan', *Small Arms Review*, 11/6 (March 2008).

34. Chivers, *The Gun: The AK-47 and the Evolution of War*, p. 269.

35. Ibid., p. 401.

36. Virginia Ezell, 'Obituary: Eugene Stoner', *Independent Online*, 30 May 1992.

37. Chivers, *The Gun: The AK-47 and the Evolution of War*.

38. 去世前数月，94 岁的米哈伊尔·卡拉什尼科夫显然更加忧心忡忡了。他皈依了俄罗斯东正教（Russian Orthodox Church），并于 2012 年，即去世前的两年，给牧首（Patriarch）写了一封信。这封信发表在俄罗斯《消息报》（*Izvestia*）上，在信中他承认："灵魂上的痛苦令我难忍。我反复问自己一个无解的问题：如果我发明的突击步枪夺走了人们的生命，这意味着我自己，米哈伊尔·卡拉什尼科夫……一个农民的儿子和东正教徒，对人们的死亡负有不可推卸的责任……我在这世上活得越久，便对上帝为何允许人类有嫉妒、贪婪、侵略之类的魔鬼般的欲望的思考和猜测越深。"参见 Jim Heintz, 'Kalashnikov dies: "I sleep well," said the designer of the ak-47', *Christian Science Monitor*, 23 December 2013.

39. 还有一个有趣的事例：日本人拒绝使用枪支作战。资料显示，1588 年之前，许多日本军阀拥有的枪支甚至多于整个欧洲。而此后约 200 年，枪支却被遗忘了。某位作家称，也许是因为武士（Samurai）阶层重视"剑术背后蕴含的技巧、力量、优雅和勇气"。言下之意，他们憎恨死于"平民之手……其在'懦弱的'距离上挥舞枪支"。通过某种形式的集体意识，武士们不再使用枪支（但保留了用于狩猎的枪支），并限制社会地位更低的人使用枪支。这种传统随着 1854 年佩里（Perry）准将及其军舰的到来而结束。

40. 据称，1990 年，史密森尼国家自然历史博物馆（Smithsonian）馆长 Edward Ezell 促成了此次交流，这期间，二人为一个口述历史项目讨论各自的武器。

7 从死亡射线到星球大战

1. H. G. Wells, *The War of the Worlds* (New York, 1898), pp. 34-6.

2. 参见第四章。在一战中，希尔（A.V.Hill）曾在为高射炮提供科学依据中发挥了一定作用。

3. 温珀里斯也是 Tizard 委员会的成员，该委员会是为了探索一切可能用于防御轰炸机的手段而成立的。光束武器虽不现实，但他在报告中称，沃特森 – 瓦特给出的带有安慰性质的答复是："我们正将注意力转向依旧困难且不太乐观的无线电探测而非无线电破坏问题。" *Formation of a Scientific Committee on Air Defence*, File AIR 2/4481/S34763 (minutes of 12 November 1934), National Archives, Kew, London。该委员会的任务是研究"科学和技术知识的最新进展可在多大程度上应用于强化目前对敌机的防御"。

4. Peter J. Westwick, 'From the Club of Rome to Star Wars: The Era of Limits, Space Colonization and the Origins of SDI', in *Limiting Outer Space: Astroculture afther Apollo*, ed. Alexander C. T. Geppert (London, 2018), pp. 283-302; see also review by Jeff Foust, *Space Review*, 30 July 2018.

5. Peter Goodchild, *Edward Teller: The Real Dr Strangelove* (London, 2004), p. 347; Donald R. Baucom, *The Origins of SDI, 1941-1983* (Lawrence, KS, 1992), p. 189.

6. Edward Teller, with Judith Schoolery, *Memoirs* (New York, 2001), pp. 529, 530.

7. 'The Conclusion of President Reagan's March 23, 1983, Speech on Defense Spending and Defensive Technology', *Arms Control in Outer Space: Hearings before the Subcommittee on International Security and Scientific Affairs* (Washington, DC, 1984), pp. 344-5.

8. John Lewis Gaddis, *The Cold War* (London, 2005), pp. 224-8.

9. William E. Pemberton, *Exit with Honor: The Life and Presidency of Ronald Reagan*, The Right Wing in America (Armonk, NY, 1997), p. 156.

10. Michael R. Fitzgerald and Allen Packwood, eds, *Out of the Cold: The Cold War and Its Legacy* (London, 2013), pp. 39-52. 该著作记录了 2009 年 11 月 18 日至 19 日期间在剑桥大学丘吉尔学院举行的"冷战及其遗产"会议。

11. William E. Pemberton, *Exit with Honour: The Life and Presidency of Ronald Reagan* (Oxford and New York, 2015), p. 132.

12. 参见 C. J. Chivers, *The Gun: The AK-47 and the Evolution of War* (New York and London, 2010)。

13. 引自 in Sarah Bridger, *Scientists at War: The Ethics of Cold War Weapons Research* (Cambridge, MA, 2015), p. 245。

14. 此处这种说法不涉及"智能卵石"（Brilliant pebbles）计划，该计划是 X 射线想法的后续，提出了智能小型导弹，称其发射后将与洲际弹道导弹相撞并将其动态摧毁。

242 15. Victor Yeates, *Winged Victory* (London, 1961), p. 20. 这本关于一战的传记式小说值得被更多人了解，托马斯·劳伦斯（"阿拉伯的劳伦斯"，T. E. Lawrence）对此称赞说："佩服！太佩服了！这本小说可谓一笔不朽的财富……堪称最杰出的战争史作品之一。"

参考文献

Bennett, Jim, and Stephen Johnston, *The Geometry of War, 1500–1750*, exh. cat., Museum of the History of Science, Oxford (Oxford, 1996)

Bridger, Sarah, *Scientists at War; the Ethics of Cold War Weapons Research* (Cambridge, MA, 2015)

Bud, Robert, Paul Greenhalgh, Frank James and Morag Shiach, eds, *Being Modern: The Cultural Impact of Science in the Early Twentieth Century* (London, 2018)

Calder, Jenni, *There Must Be a Lone Ranger: The Myth and Reality of the American West* (London, 1976)

Chivers, C. J., *The Gun: The AK-47 and the Evolution of War* (New York and London, 2010)

Churchill, Winston, *The World Crisis, 1911–1918* [1923–9], revd edn, 2 vols (London, 1938)

Lord Fisher [Admiral Sir John Arbuthnot Fisher], *Memories* (London, 1919)

France, Catherine Ann, 'Gunnery and the Struggle for the New Science (1537–1687)', PhD thesis, University of Leeds, 2014

Gaddis, John Lewis, *The Cold War* (London, 2005)

Gibson, Langhorne, and Vice-Admiral J.E.T. Harper, *The Riddle of Jutland: An Authentic History* (London, 1934)

Gimpel, John, *The Medieval Machine: The Industrial Revolution of the Middle Ages* (London, 1992)

Goodchild, Peter, *Edward Teller: The Real Dr. Strangelove* (Cambridge, MA, 2004)

Hall, A. Rupert, *Ballistics in the Seventeenth Century* (Cambridge, 1952)

Hounshell, David A., *From the American System to Mass Production, 1800–1932: The Development of Manufacturing Technology in the United States* (Baltimore, MD, 1984)

Hughes, Agatha C., and Thomas P. Hughes, *Systems, Experts, and Computers: The Systems Approach in Management and Engineering, World War II and After* (Cambridge, MA, 2000)

Husbands, Philip, Owen Holland and Michael Wheeler, eds, *The Mechanical Mind in History* (Cambridge, MA, 2008)

Lacey, Robert, *Ford: The Men and the Machine* (Boston, MA, 1986)

Latil, Pierre de, *Thinking by Machine: A Study of Cybernetics* [1953], trans. Y. M. Golla (London, 1956)

Massie, Robert K., *Dreadnought: Britain, Germany, and the Coming of the Great War* (New York, 1991)

Maxim, Hiram S., *My Life* (London, 1913)

Pemberton, William E., *Exit with Honor: The Life and Presidency of Ronald Reagan*, The Right Wing in America (Armonk, NY, 1997)

Pickering, Andrew, *The Cybernetic Brain: Sketches of Another Future* (Chicago, IL, 2010)

Pile, General Sir Frederick, *Ack-Ack: Britain's Defence against Air Attack in the Second World War* (London, 1949)

Scott, Admiral Sir Percy, *Fifty Years in the Royal Navy* (London, 1919)

Wiener, Norbert, *Cybernetics; or, Control and Communication in the Animal and the Machine* (Paris and Cambridge, MA, 1948)

Yeates, Victor, *Winged Victory* (London, 1934)

致　谢

感谢科学博物馆研究与公共历史方面的负责人蒂姆·布恩（Tim Boon）对本书的支持，感谢馆长伊恩·布拉奇福德（Ian Blatchford）先生慷慨地提供了博物馆内的相关设施与藏品，没有他们无私的帮助，这个项目不可能圆满完成。科学博物馆因独具特色的学院氛围而闻名，感谢在项目进行过程中给予我鼓励的朋友和同事们，包括蒂莉·布莱斯（Tilly Blyth）、罗伯特·巴德（Robert Bud）、吉姆·贝内特（Jim Bennett）和戴维·鲁尼（David Rooney），与他们的交流让我获益良多。我的好友约翰·罗伯特（John Roberts）是一名资深作家，很久以前，当我们初步讨论写作这本书的想法时，是他让我相信我的想法并非妄想。此外，亚当和克洛艾也给予了我无限的支持与鼓舞。本书中若有不妥之处，一切责任将由我本人承担。

图文致谢

本书作者与出版商向以下说明性材料及转载许可来源表示感谢。

Courtesy A. V. Hill Papers, Churchill Archives Centre, Churchill College, Cambridge, reproduced with permission of the Estate of A. V. Hill: p. 113; from The American Iron and Steel Association, *History of the Manufacture of Armor Plate for the United States Navy* (Philadelphia, PA, 1899), photo courtesy Library of Congress, Washington, DC: p. 82; from Horace Lucien Arnold and Fay Leone Faurote, *Ford Methods and the Ford Shops* (New York, 1919), photo courtesy Universiteitsbibliotheek, Vrije Universiteit Amsterdam: p. 56; British Library, London: p. 108; from Major Sir Gerald Burrard, *The Modern Shotgun*, vol. III (London, 1931): p. 100; photo Larry Burrows/The LIFE Picture Collection via Getty Images: p. 144; Burton Historical Collection, Detroit Public Library, MI: p. 170; photos California Historical Society, University of Southern California Libraries, Los Angeles, CA: p. 169; Carol M. Newman Library, Virginia Tech, Blacksburg, VA: p. 155; photo Howard Coster/Hulton Archive via Getty Images: p. 119; photo © David Penney Horological Picture Library, courtesy David Penney: p. 42; from Denis Diderot and Jean le Rond d'Alembert, *Recueil de planches, sur les sciences, les arts libéraux, et les arts méchaniques*, vol. IV (Paris, 1765), photo courtesy Smithsonian Libraries, Washington, DC: p. 34; photos © Ferrari s.p.a., reproduced with permission: pp. 73, 161; photo courtesy Fiat Chrysler Automobiles N.V., reproduced with permission: p. 63; from John Fisher, *Memories* (London, 1919), photo courtesy Robarts Library, University of Toronto: p. 79; photo James Fraser/Shutterstock: p. 166; photo Antonio Gallud (CC BY-SA 2.0): p. 61; The Henry Ford, Dearborn, MI: p. 55 (*foot*); Heritage Auctions, Ha.com: pp. 173, 188; photo © History of Science Museum, University of Oxford (Inv. Nr. 41591): p. 27; photo Chris Hondros/Getty Images: p. 206; Imperial War Museums, London: pp. 91, 94, 109, 110, 122; Lawrence Livermore National Laboratory, CA: p. 214; Library of Congress, Prints and Photographs Division, Washington, DC: pp. 168 (*top*), 171, 175; courtesy Malik Institute, reproduced with permission: p. 152; Massachusetts Institute of Technology

索 引

（索引页码为英文原书页码，即本书页边码，斜体页码表示插图）

图书在版编目（CIP）数据

子弹的轨迹：枪炮如何改变世界 / (英) 安德鲁·
内厄姆 (Andrew Nahum) 著；张洁, 李伟彬译. -- 北京:
社会科学文献出版社, 2023.3 (2024.12重印)
书名原文: Paths of Fire：the gun and the world
it made
ISBN 978-7-5228-1327-1

Ⅰ. ①子… Ⅱ. ①安… ②张… ③李… Ⅲ. ①枪械 -
军事技术 - 技术史 - 世界 Ⅳ. ①E922.1-091

中国版本图书馆CIP数据核字（2022）第253664号

子弹的轨迹：枪炮如何改变世界

著　　者 / ［英］安德鲁·内厄姆（Andrew Nahum）
译　　者 / 张　洁　李伟彬

出 版 人 / 冀祥德
责任编辑 / 杨　轩
文稿编辑 / 邹丹妮
责任印制 / 王京美

出　　版 / 社会科学文献出版社（010）59367069
　　　　　　地址：北京市北三环中路甲29号院华龙大厦　邮编：100029
　　　　　　网址：www.ssap.com.cn
发　　行 / 社会科学文献出版社（010）59367028
印　　装 / 三河市东方印刷有限公司

规　　格 / 开　本：787mm×1092mm　1/16
　　　　　　印　张：16.75　字　数：209千字
版　　次 / 2023年3月第1版　2024年12月第2次印刷
书　　号 / ISBN 978-7-5228-1327-1
著作权合同
登 记 号 / 图字01-2021-7584号
定　　价 / 89.00元

读者服务电话：4008918866